INNEHÅLL

Dieselmotorn förr och nu	5
Hur dieselmotorn fungerar	9
Dieselmotorn är en förbränningsmotor	9
Kraftens väg från vevaxeln	9
Dieselmotorn – bensinmotorn	10
Kraftiga delar i dieselmotorn	10
Det händer mycket i motorn	10
Fyra takter ska det vara	11
Dieselmotorn är sparsam med bränslet	13
Tre dieselmotortyper	14
Hur dieselmotorn är byggd	16
Cylinderplaceringen	16
Huvuddelarna i motorn	17
Cylinderblocket	18
Cylinderfodret	19
Cylinderhuvudet	20
Cylinderhuvudets och fodrets tätningar	22
Vevmekanismen	23
Lite om belastningar	23
Vevaxeln	24
Svängningsdämparen	24
Vevaxeln är välbalanserad	25
Ramlager	25
Stödlagret	27
Svänghjulet	27
Vevstaken	28
Kolvtappen	29
Vevlagret	29
Kolven	30
Kolvkylningen	31
Kolvringarna	32
Ventilmekanismen	34
Kamaxeln	35
Transmissionen	36
Ventillyftaren	38
Ventiler, ventilstyrningar, ventilsäten	38
Ventilfjädern	40
Stötstången och vipparmen	40
Smörjsystemet	42
Trycksmörjning	43
Smörjsystemet i 7-litersmotorn	44
Smörjsystemet i 16-litersmotorn	46
Oljepumpen	47
Oljefiltret	47
Oljekylaren	49
Oljesumpen	49

INNEHÅLL

Kylsystemet	50
Pumpcirkulation	50
Inre och yttre kretsen	51
Termostaten	52
Kylvätskepumpen	55
Kylaren	56
Kylfläkten	56
Inlopps- och avgassystemet	57
Inloppsröret	57
Avgasgrenröret	57
Luftfiltret	58
Startelement	58
Överladdning	59
Turbon	59
Avgastryckregulatorn	60
Laddluftkylning	60
Insprutningsutrustningen	62
Insprutningspumpen	63
Regulatorn	63
Matarpumpen	63
Rökbegränsaren	63
Bränslefiltret	64
Tryckrören	64
Insprutaren	65
Avgaserna	66
Motortyper och motorvarianter	67
Skötselschema	68
Alfabetiskt register	71

Bilderna i boken kommer från:

Daimler-Benz, Stuttgart
Volvo Penta Industry Corporation, Göteborg
Volvo Lastvagnar, Skövde
Multimedia AB, G. Syrjämäki, Ängelholm

Magnerius Konsult AB
Original, digitalisering och layout

Rätten till distribution och försäljning av denna bok, övningsbok, rättningsmall, videofilm och overheadpaket innehas av Magnerius Konsult AB enligt avtal med Industriinformation AB och Volvo Penta AB, dock ej internt inom Volvo Penta AB eller Volvo AB.

INTRODUKTION DIESEL

Dieselmotorn förr och nu

Det började 1892 när Rudolf Diesel fick patent på en ny motortyp. Den skulle bli mycket effektivare än alla andra tidigare motorer och den skulle drivas med billigare bränsle än bensin.
Diesel hade tänkt sig att driva motorn med kolpulver, men han gick ganska snart över till flytande bränsle. I dag drivs alla dieselmotorer med dieselolja.

Diesels första testmotor blev färdig år 1893. Den var full av bekymmer och lämnade inte så mycket effekt att den kunde hålla igång sig själv.

Det skulle dröja till 1897 innan en testmotor fungerade någotsånär som Diesel hade tänkt sig. Sedan dess har man lagt ned mycket arbete på forskning och utveckling innan dieselmotorerna blev så högeffektiva och driftsäkra som de är idag.

Bilden bredvid visar en av de första motorerna. Motorn har cylinderdiametern 220 mm och slaglängden 400 mm. Höjden är 3 meter.

Motorn nedanför är en Volvo TAD 1630. Mellan Diesels första motor och den här moderna motorn, ligger ungefär 80 år av utveckling. Moderna motorer väger mindre än hälften så mycket som den första dieseln och de ger mer än 30 gånger så hög effekt.

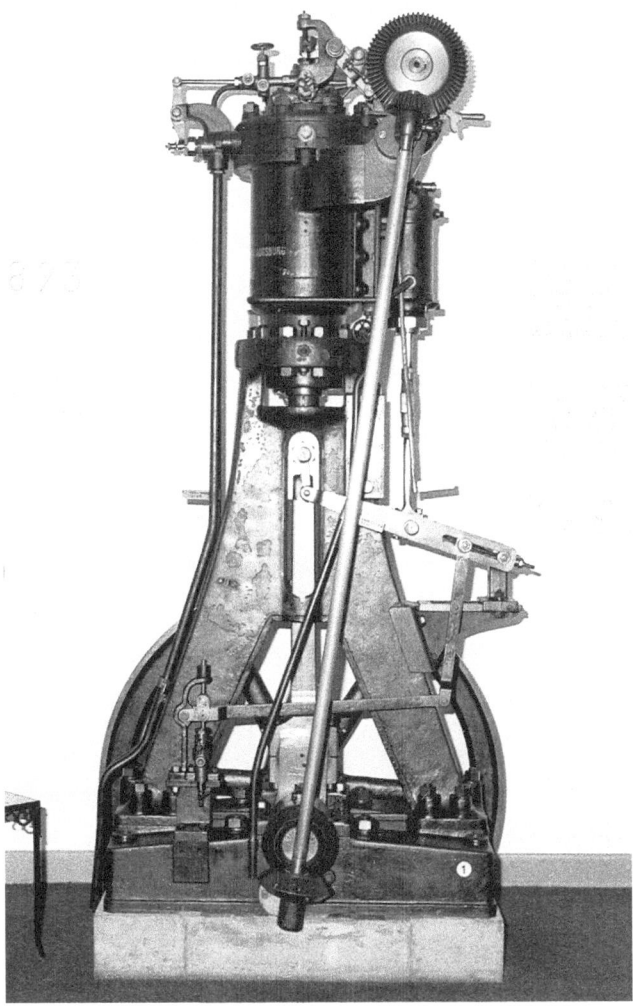

INTRODUKTION DIESEL

De första dieselmotorerna var alltså stora och klumpiga och motorerna var inte gjorda för fordon. De skulle användas som kraftkälla till olika industrier eller t ex för att driva generatorer eller pumpar.

Den tvåcylindriga motorn på bilden bredvid är från 1898 och hade effekten 50 hästkrafter (37 kW). Den användes för att driva maskinerna i en industri och var i drift till 1930.
Motorn tillverkades av ett tyskt företag, MAN i Augsburg.

Det gick åt mycket utvecklingsarbete och många försök innan man kunde använda dieselmotorer i fordon.
I början av 1920-talet kom de första fordonsmotorerna. En av de första, en Benz från 1922, ser du här bredvid. Den var tvåcylindrig och gav knappt 22 kilowatt eller 30 hästkrafter.

De första motorerna var gjorda för tyngre fordon, t ex lastbilar och traktorer. Lastbilen här bredvid är från 1923 och tillverkades av Daimler-Benz.

Lätta serietillverkade dieselmotorer för personbilar kom ungefär tio år senare. De första var tillverkade av Daimler-Benz och hade en effekt på ca 33 kilowatt eller
45 hästkrafter.

Rudolf Diesel, motorns uppfinnare, fick inte uppleva den här utvecklingen på fordonsområdet. Rudolf Diesel dog år 1913.

INTRODUKTION DIESEL

Dieselmotorn kom i Volvos lastbilar år 1946. Den första motorn var sexcylindrig och hade effekten 71 kilowatt (96 hästkrafter). Motorn hade beteckningen VDA (Volvo Dieselmotor typ A). Långt tidigare, år 1933, hade Volvos lastbilar en motortyp som påminner om dieselmotorn. Den kallades Hesselmanmotorn. Den motorn drevs med samma bränsle som dieselmotorn, men motorn hade elektriskt tändsystem. Hesselmanmotorn brukar kallas "halvdiesel".

Det har hänt mycket sedan 1946!

Men framtiden då?
Så här är det: Det finns ingen annan motortyp i dag som kan slå ut dieselmotorn i tyngre fordon eller som drivkälla till större generatorer och pumpar.

Volvo VDA, 1946

De moderna motorerna som du ska jobba med, är utvecklade från de här tidiga motorerna.
Alla inblandade tekniker har lagt ned ett enormt arbete på att göra motorn bättre och bättre.
Och resultatet kan du se om du t-ex jämför den första VDA:n med en ungefär lika stor av dagens motorer.

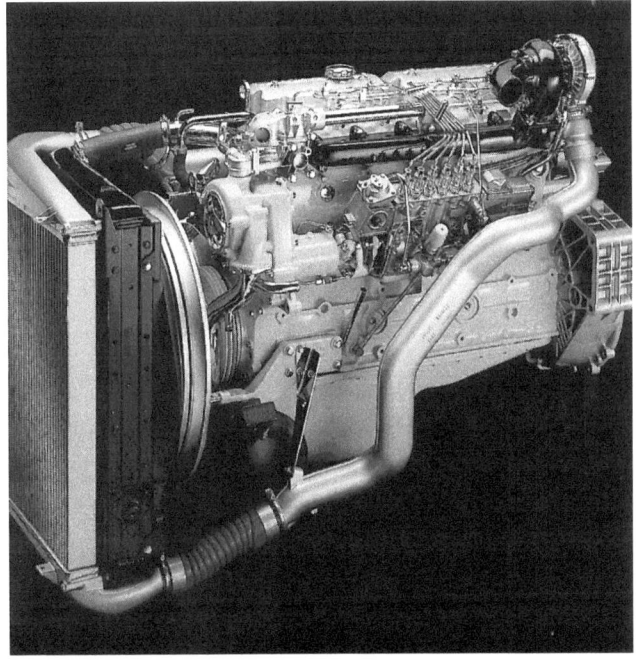

Volvo TD 63ES

Titta på effekten till exempel.

VDA gav 71 kilowatt och hade en cylindervolym på 6,12 liter.
Motsvarande motor i dag, TD61F (den är lite mindre men har turbo och intercooler) ger 152 kilowatt! Men inte nog med det.
- Bränsleförbrukningen är lägre
- Livslängden är längre
- Och driftsäkerheten är mycket högre

INTRODUKTION DIESEL

Genset motor

Bussmotor

Industrimotor

Lastvagnsmotor

HUR DIESELMOTORN FUNGERAR

Dieselmotorn är en förbränningsmotor

Att dieselmotorn är en förbränningsmotor innbär att man bränner upp en blandning av dieselbränsle och luft i ett slutet rum. Det här slutna rummet i en motor kallar vi förbränningsrum som finns ovanför kolven i cylindern. Förbränningsrummet är ofta utformat som fördjupning i kolvtoppen.

Blandningen antänds och förbränningen ger ett högt tryck i förbränningsrummet. Trycket pressar ned kolven och kolven får stor kraft.

Men kolven rör sig i en rät linje och motorns axel ska snurra runt.

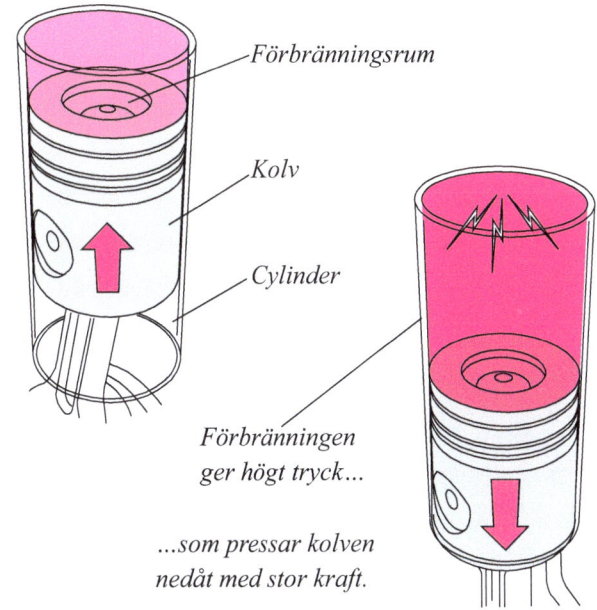

Kolvens rörelse omvandlas till roterande rörelse med en vevstake och en vevaxel.

Kraften som kolven får genom förbränningen överförs alltså till vevaxeln. Det är den kraften som man använder för att driva bilen, båten eller något annat.

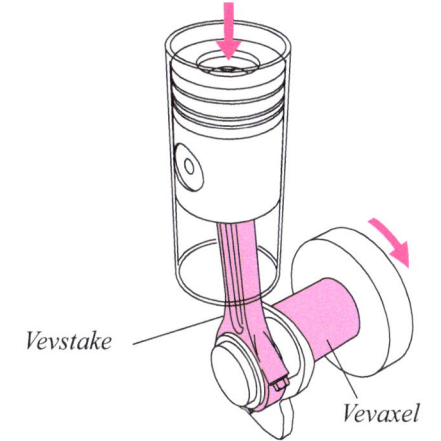

Kraftens väg från vevaxeln

■ När motorn ska driva en generator är vevaxeln kopplad direkt till generatorn.

■ Marinmotorns vevaxel är kopplad till propelleraxeln genom ett backslag.

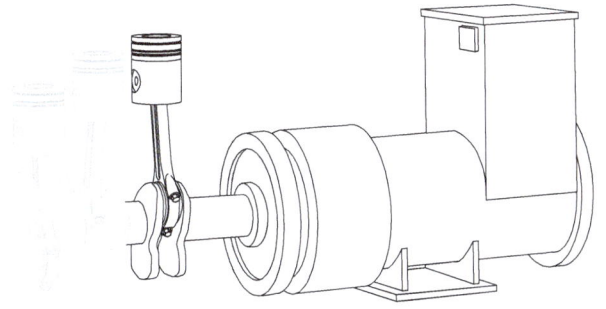

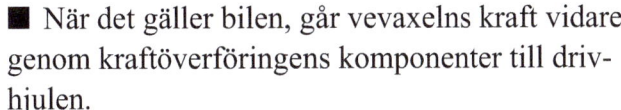

■ När det gäller bilen, går vevaxelns kraft vidare genom kraftöverföringens komponenter till drivhjulen.
Motorn och kraftöverföringens komponenter kallas med ett namn för drivlinan.

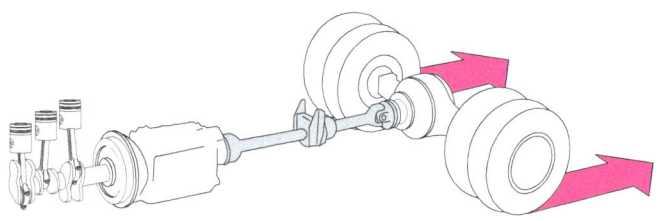

HUR DIESELMOTORN FUNGERAR

Dieselmotorn – bensinmotorn

Du vet säkert en del om skillnader mellan dieselmotorn och bensinmotorn. Men vi tar det igen.

■ **Bensinmotorn**. Där kommer det in en *färdig blandning* av bensin och luft.
Blandningen komprimeras och antänds sedan av en *elektrisk gnista*.

■ **Dieselmotorn** har en annan ordning.
I den kommer det in *ren luft* som komprimeras. När luften komprimeras blir den så het att den kan tända bränsle. Finfördelat bränsle sprutar in i den heta luften och antänds.
Sättet att tända kallas *kompressionständning*.

Det finns flera skillnader mellan de båda motortyperna. En skillnad gäller förbränningstrycket, det som uppstår av förbränningen.
I en dieselmotor blir det trycket 7–13 MPa (ungefär 70–130 gånger högre än atmosfärtrycket)I Volvos senaste motor D12 är trycket ännu högre, 170 bar. Bensinmotorn arbetar med lägre tryck, 3–5 MPa.

Trycket sjunker när kolven rör sig nedåt. Rummet ovanför kolven blir ju allt större. Det högsta trycket som förbränningen ger kallas **topptryck**.

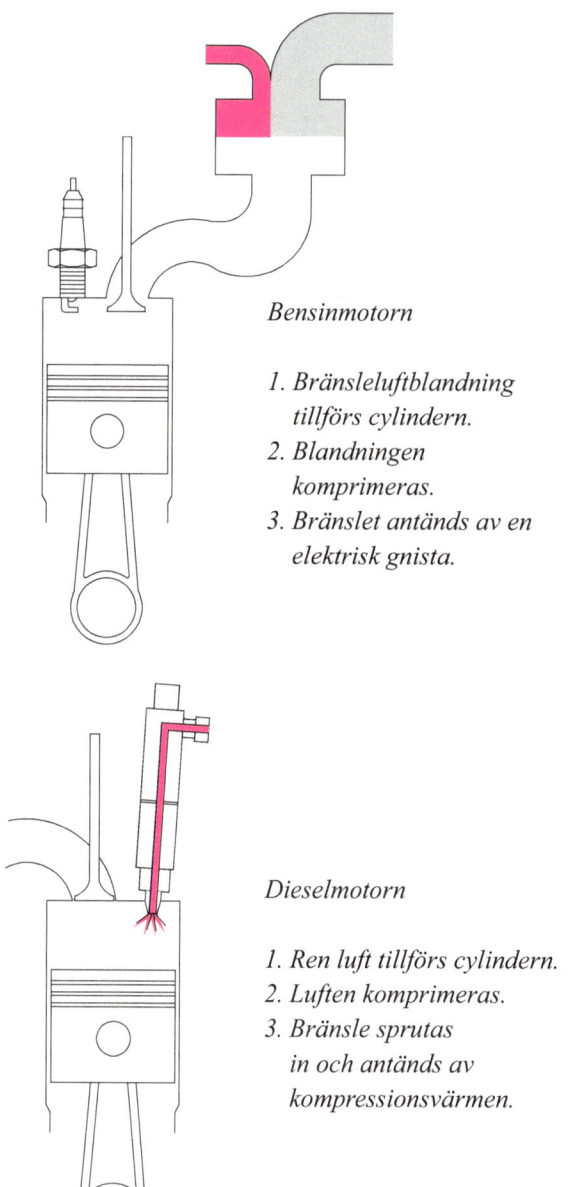

Bensinmotorn

1. *Bränsleluftblandning tillförs cylindern.*
2. *Blandningen komprimeras.*
3. *Bränslet antänds av en elektrisk gnista.*

Dieselmotorn

1. *Ren luft tillförs cylindern.*
2. *Luften komprimeras.*
3. *Bränsle sprutas in och antänds av kompressionsvärmen.*

Kraftiga motordelar i dieseln

Det höga trycket ger stora mekaniska påkänningar på motordelarna. Därför måste man göra delarna kraftiga och tillverka delarna av material som har mycket goda hållfasthetsegenskaper. **Varje del blir dyr att tillverka**.

Det händer mycket i motorn

Det är mycket som ska hända i motorns cylindrar. Man brukar kalla alla de här händelserna för **arbetsprocessen**.

För dieselmotorn omfattar arbetsprocessen följande punkter:

■ Ren luft ska in i cylindern

■ Luften ska komprimeras

■ Finfördelat bränsle ska sprutas in i den heta luften

■ Bränslet ska tändas av den heta luften

■ Förbränningen ska ge högt tryck som pressar ned kolven

■ Förbränningsresterna (det vi kallar avgaser) ska ut ur cylindern så att arbetsprocessen kan starta på nytt med ny ren luft i cylindern.

HUR DIESELMOTORN FUNGERAR

Fyra takter ska det vara

I videoprogrammet såg du att arbetsprocessen i motorn genomförs under fyra takter. Man säger att motorn arbetar enligt **fyrtaktsprincipen**. Här är den igen med värden på temperatur och tryck.

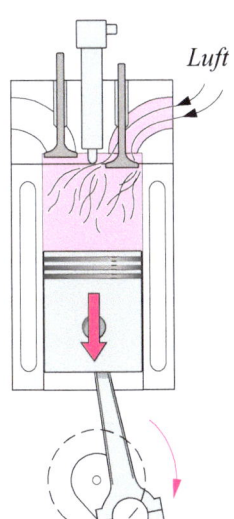

1

Inloppstakten
Ren luft strömmar in genom inloppskanalen förbi den öppna inloppsventilen.

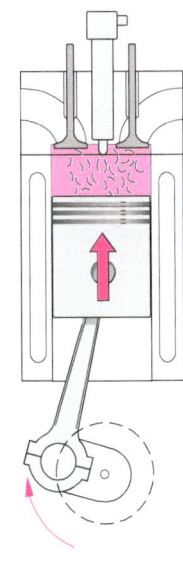

2

Kompressionstakten
Kolven komprimerar luften. Vid kompressionstaktens slut är luften sammanpressad till omkring en tjugondel av volymen vid kompressionstaktens början. Trycket stiger till 2–3 MPa (20–30 bar), och luftens temperatur ökar till 700–900°C.

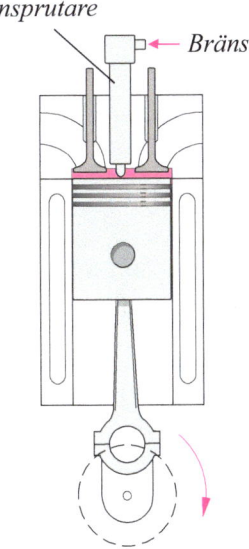

Bränsleinsprutningen sker i slutet av kompressionstakten. En insprutare sprutar in bränslet under högt tryck, och bränslet antänds av den heta luften. Temperaturen stiger till 2000–2500°C och trycket i förbränningsrummet blir upp mot 13 MPa (130 bar). I en del motorer ända upp till 17 MPa (170 bar).

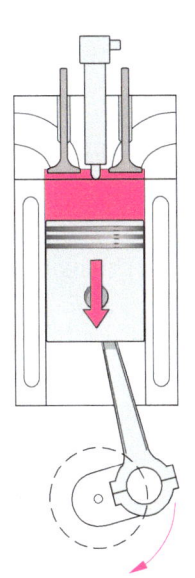

3

Arbetstakten
Det höga trycket pressar ned kolven och kolvens kraft överförs till vevaxeln.

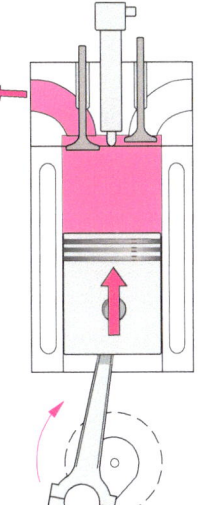

4

Utloppstakten
Förbränningsgaserna drivs ut genom den öppna utloppskanalen.
Ett nytt arbetsförlopp börjar därefter med en ny inloppstakt.

HUR DIESELMOTORN FUNGERAR

Bilderna om fyrtaktsprincipen visar bara vad som händer i en cylinder.

När motorn har flera cylindrar kommer tändningar och förbränningarna i en bestämd ordning. Den ordningen kallar vi **tändföljden**. I sexcylindriga motorer, som Volvos dieselmotorer, är tändföljden 1 – 5 – 3 – 6 – 2 – 4.

■ **Du måste hålla reda på både vart kolven är på väg och hur ventilerna står för att se vad som händer i cylindern ett visst ögonblick.**

Tändningarna i en sexcylindrig motor sker mycket ofta. Det är bland annat därför Volvos motorer går jämnt och lugnt.

I diagrammet är arbetstakterna inritade med röda fält.

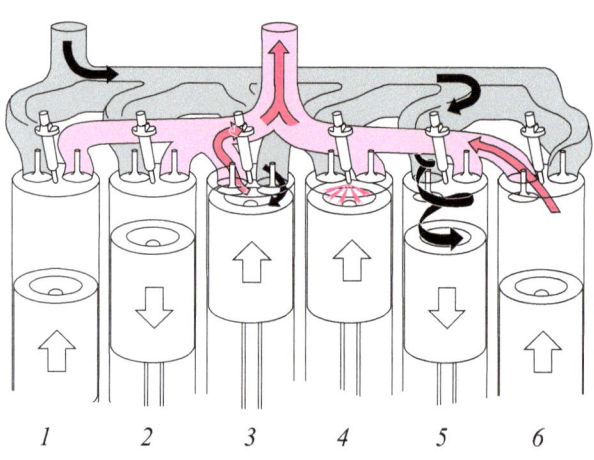

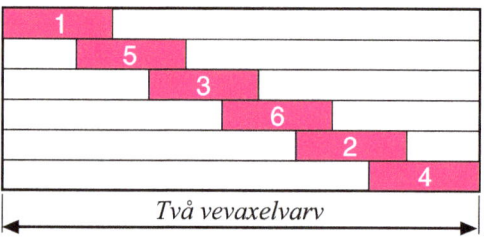

Cylindrarna samverkar och arbetsförloppet mellan cylindrarna växlar naturligtvis hela tiden. I situationen här ovanför är det så här:

Cylinder 1
kompressionstakten har just börjat.

Cylinder 2
arbetstakten, trycket är högt nu.

Cylinder 3
utloppstakten slut, inloppstakten börjar.

Cylinder 4
slutet av kompressionstakten, bränsle sprutar in och tänds.

Cylinder 5
inloppstakten har börjat och ren luft strömmar in.

Cylinder 6
utloppstakten har just börjat.

Varje varv vevaxeln går, motsvarar tre arbetstakter. När vevaxeln har roterat två varv, har förbränningarna inträffat i alla cylindrarna. Den ena förbränningen hinner inte ta slut förrän nästa tar över.

Och det händer fort! När motorn går med varvtalet 2000 varv per minut, blir det 6000 tändningar per minut eller 100 tändningar
i sekunden. Om man kör motorn med det varvtalet, tar det bara knappt tre timmar att komma upp i en miljon tändningar.

Om motorn ska fungera perfekt måste precisionen vara hög. Det gäller både själva motorn och motorns hjälpkomponenter.

HUR DIESELMOTORN FUNGERAR

Dieselmotorn är sparsam med bränslet

I bränslet finns kemisk energi. Det är den energin som motorn omvandlar till mekaniskt arbete. Men omvandlingen kan dessvärre inte ske utan förluster. Man brukar visa det här med hjälp av ett Sankey-diagram.

Energin som man tillför med bränslet, betecknas med 100%. Sen visar man hur den energin tappas av i olika förluster. Det som blir kvar är det nyttiga arbete som motorn avger från vevaxeln.

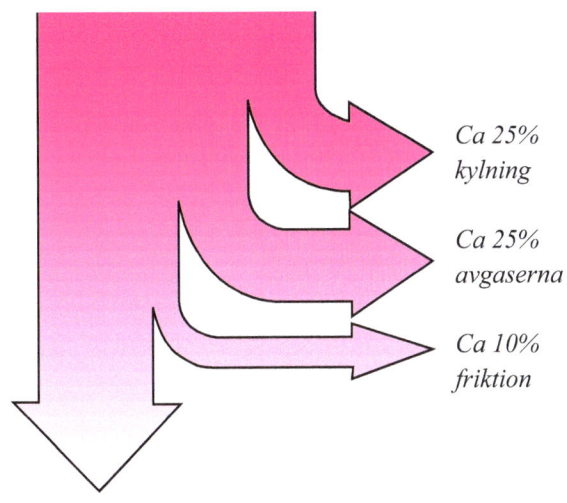

100% tillförd energi i bränslet

Värmeförluster

Ca 25% kylning

Ca 25% avgaserna

Ca 10% friktion

Ca 40% avgivet nyttigt arbete från vevaxeln

■ Kylförluster

Motordelarna blir kraftigt uppvärmda av förbränningarna och måste kylas. Utan kylning skulle delarna bli förstörda på kort tid.
Värmeförlusten genom kylning blir ungefär 25% för dieselmotorn.

En liten del av det här värmet kan man använda för att värma upp förarhytten eller passagerarutrymmet i fordonet.

■ Avgasförluster

Avgaserna har ett visst tryck och en viss strömningsenergi när de lämnar motorn.
Avgaserna innehåller också mycket värmeenergi eftersom avgasernas temperatur är ganska hög. Avgasernas temperatur är 500–600°C när de lämnar diselmotorn.
Avgasförlusten från en dieselmotor är omkring 25%.

Avgasernas energi användes för att driva turbokompressorn (turbon).

■ Friktionsförluster

Det är många delar i motorn som glider mot varandra t ex kolvarna mot cylinderväggarna, axeltappar mot lager.
Delarna är skilda från varandra genom en tunn oljehinna. Det sköter motorns smörjsystem om. Men ändå uppkommer en del friktionsförluster i oljepumpen och insprutningspumpen.

Omkring 10% av den tillförda energin avgår som förluster genom friktionen.

I det här fallet blir det kvar 40% i nyttigt avgivet arbete. Då är motorns verkningsgrad 40%. Ju högre verkningsgraden är desto sparsammare är motorn med bränslet.

■ Verkningsgraden är ett mått på hur bra motorn är på att göra om energi. Dvs göra om kemisk energi som finns i bränslet till mekaniskt arbete som man tar ut från vevaxeln och svänghjulet.

■ Dieselmotorerna har den högsta verkningsgraden av alla, upp mot 44% i Volvos motorer. Personvagnsdieslarna ligger lite lägre, ca 38%. Där ligger också tvåtakts fordonsdieslar. Bensinmotorerna har omkring 30% i verkningsgrad.
De första motorerna från slutet av 1800-talet hade en verkningsgrad ner mot 2–5%.

HUR DIESELMOTORN FUNGERAR

Prov 1.

Tre dieselmotortyper

Bränslet sprutas in i förbränningsrummet direkt, eller först i en liten förkammare som finns vid sidan om förbränningsrummet.
Man talar om **direktinsprutad motor, förkammarmotor och virvelkammarmotor**.

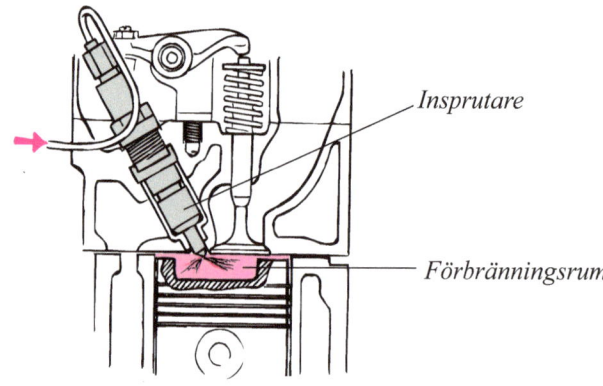

Insprutare
Förbränningsrum

■ Direktinsprutad motor

Motorn har ett enda förbränningsrum som finns i kolvtoppen.
Insprutaren sticker in i förbränningsrummet och sprutar in bränslet direkt i förbränningsrummet. Alla Volvos dieselmotorer är direktinsprutade.

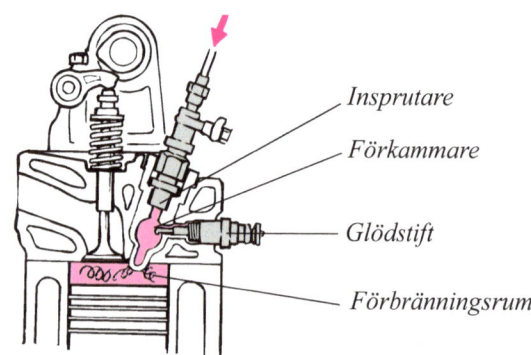

Insprutare
Förkammare
Glödstift
Förbränningsrum

■ Förkammarmotorn

I förkammarmotorn är en del av förbränningsrummet, ungefär 25%, avskilt till en förkammare.
Bränslet sprutas in i förkammaren och förbränningen startar där. Men förbränningen blir ofullständig, det finns inte tillräckligt med luft i förkammaren.
Den ofullständigt förbrända blandningen pressas in i förbränningsrummet av det höga trycket. I förbränningsrummet fortsätter förbränningen och bränslet blir fullständigt förbränt.
När man kallstartar den här motorn, blir temperaturen ganska låg i förkammaren. Därför finns glödstift som värms elektriskt. Det ger den nödvändiga temperaturen för de första tändningarna.
Volvos första dieselmotor, VDA, var en förkammarmotor.

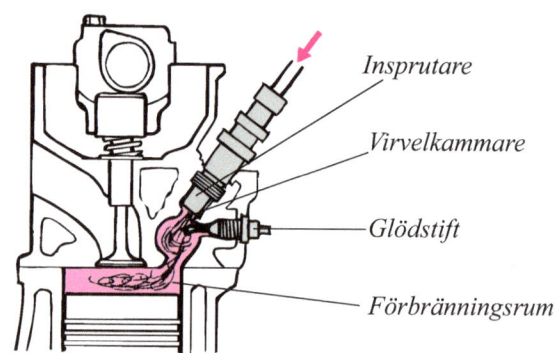

Insprutare
Virvelkammare
Glödstift
Förbränningsrum

■ Virvelkammarmotorn

Virvelkammaren har större volym än förkammarmotorn. Ungefär 50% av förbränningsrummet finns i virvelkammaren.
Förbränningsförloppet är i stort sett detsamma som hos förkammarmotorn.
Virvelkammarmotorn är vanlig som personbilsmotor.

De här typerna får olika egenskaper. Här är några fördelar och nackdelar:

■ Direktinsprutad:
Små förluster jämfört med de andra. Högre verkningsgrad och lägre bränsleförbrukning. Förbränningen är något långsam och motorn passar bäst för låga varvtal, upp till omkring 4000 varv per minut.

■ Förkammare och virvelkammare:
Förbränningen är snabb och motorn kan gå på höga varvtal, upp till knappt 6000 varv per minut. Större förluster än hos den direktinsprutade och alltså lägre verkningsgrad och högre bränsleförbrukning.

HUR DIESELMOTORN FUNGERAR

Anteckningar

HUR DIESELMOTORN ÄR BYGGD

Motorer kan vara konstruerade på många olika sätt. Vi kan börja den här beskrivningen med hur cylindrarna är placerade.

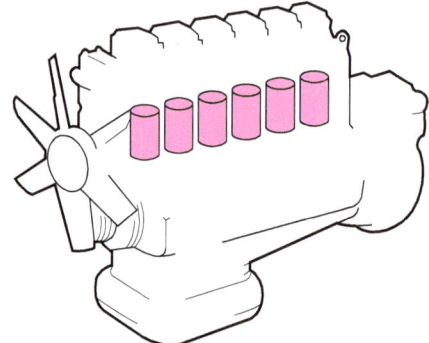

6-cylindrig radmotor, en rak sexa

■ Cylindrarna kan vara placerade i rad. Den motortypen kallas **radmotor** eller rak motor. Det är den vanligaste motortypen.

Volvos dieselmotorer är 6-cylindriga radmotorer, "raka sexor" brukar man säga.
Det finns många anledningar till att Volvo har valt just den konstruktionen.

■ Volvo har stor erfarenhet från tillverkning av sexcylindriga radmotorer. Redan på 1920-talet tillverkade Volvo 6-cylindriga motorer för lastbilar. Till en början var det bensinmotorer, men på 30-talet byggdes "halvdieselmotorer" och under 40-talet började tillverkningen av dieselmotorer.
■ Den 6-cylindriga radmotorn är en driftsäker konstruktion som är särskilt lämplig för stora motorer.
■ Motortypen är enkel och den har ett litet antal rörliga delar.
■ Varvtalet är lågt och motorn är välbalanserad. Det medverkar till lång livslängd och till en tyst och jämn gång.
■ Servicearbetet med den motorn är enkelt eftersom delar som har med arbetet att göra, är lätta att komma åt.
■ En 6-cylindrig motor har stora vevlagerytor och vevaxeln är lagrad i sju ramlager.

Volvos motorer är kraftigt byggda och mycket lämpliga för turboladding. Volvo var först i världen med att turboladda den här typen av motorer. Tidigare fanns överladdning bara i lågvarviga fartygsmotorer.

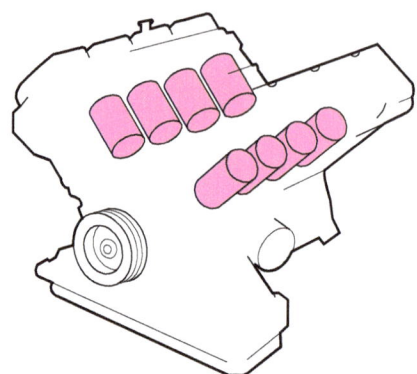

8-cylindrig V-motor, en V-åtta.

■ När cylindrarna är placerade i två rader i vinkel med varandra, kallas motor **V-motor**.

Volvo har också prövat den här motortypen. En serie med 8-cylindriga V-motorer byggde Volvo redan på 40-talet. Den V-åttan hade effekten 400 hk och användes i militära fordon. Senare byggde Volvo V-åttor för lastbilar. Effekten var 120 hk

Ttvå vevstakar på samma vevtapp i en V-motor.(liten lageryta)

Här är ett par orsaker till att Volvo inte bygger v-motorer längre:

■ Vevaxeln är bara lagrad i fem ramlager. Den raka 6-an har sju ramlager.
■ Två vevstakar måste vara lagrade på samma vevtapp. Vevlagerytorna blir inte så stora.
■ Servicearbetet är svårt eftersom alla delar som har med det arbetet att göra, måste sitta mellan cylinderraderna. Det blir trångt och besvärligt.

HUR DIESELMOTORN ÄR BYGGD

Huvuddelarna i motorn

På den här sidan ser du delarna som man brukar kalla för motorns huvuddelar. Det finns inga bestämda regler om vad som är huvuddelar eller vad som är andra delar. Alla delarna som hör till motorn är ju faktiskt lika viktiga för att motorn ska fungera säkert och pålitligt.

Motorkropp är ett annat namn som du kan träffa på, och motorkroppen består av väldigt många delar:

- cylinderhuvud med ventilsystem och kamaxel
- cylinderblock med cylinderfoder, kolvar, kolvringar och kolvtappar
- vevmekanismen med alla delar som hör till den
- transmissionen.

Andra delar som sitter utanpå motorn, "utvändiga delar", brukar man inte räkna till motorkroppen. Det gäller t ex inloppsrör, avgasgrenrör, oljekylare, oljefilter, kylvätskepump och insprutningsutrustningen. Oljesumpen räknas inte heller till motorkroppen. Ibland kan det vara svårt att säga var gränsen går mellan motorkroppen och andra delar.

Huvuddelarna

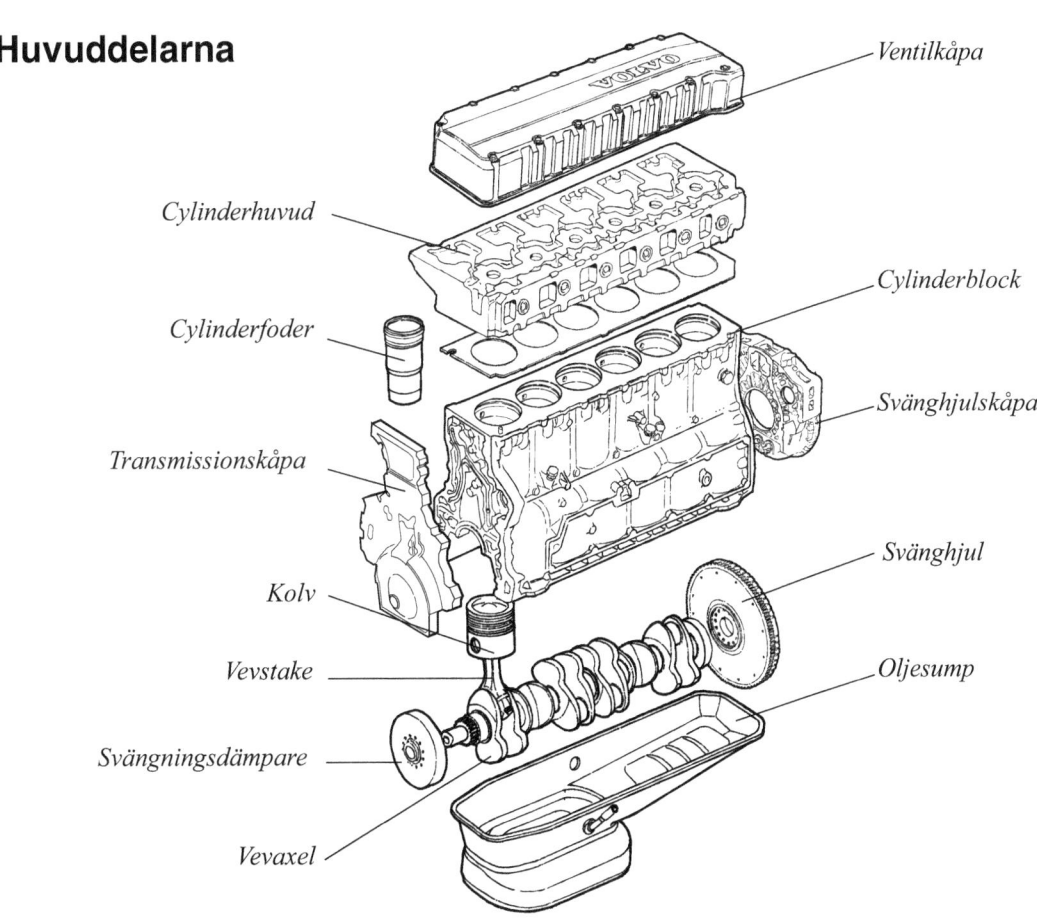

Du har redan sett det mesta av de här delarna i videoprogrammet.

På sidorna som följer går vi igenom delarna igen, men lite utförligare än vad man kan göra i videon.

HUR DIESELMOTORN ÄR BYGGD

Cylinderblocket är gjutet i ett stycke. Materialet är gjutjärn som är legerat på ett speciellt sätt.
Blocket har kraftiga förstärkningar på insidan. Förstärkningarna gör att blocket blir stabilt och inte ändrar sin form. Vibrationerna
i blocket blir små och det medverkar till att motorn får en tyst gång.

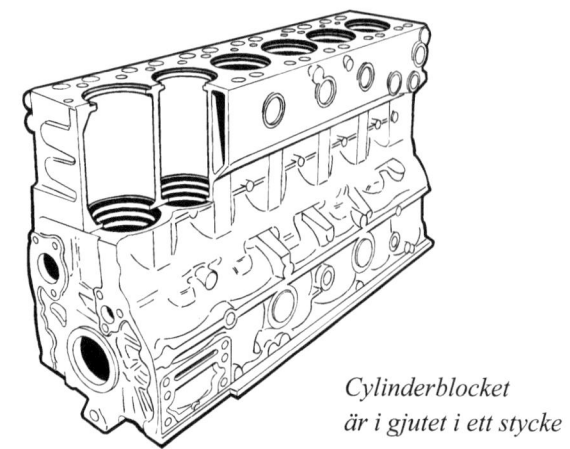

Cylinderblocket är i gjutet i ett stycke

■ I cylinderblocket finns utrymme för kylvätskan. Utrymmet kallas kylmantel och finns mellan cylinderfodren och blocket.

■ Uppe i cylinderblocket finns bearbetade foderlägen för varje cylinder. Ett annat namn för foderläge är foderhylla.
Längre ned finns en bearbetad styrning för fodret. I styrytan finns spår för tätningsringar, O-ringar.

■ Cylinderblocket har ramlagerlägen där vevaxeln är lagrad. Tittar du in i blocket ser du kraftiga förstärkningar ned mot ramlagerlägena. Omkring hålen för skruvarna till cylinderhuvudet finns också förstärkningar. Förstärkningarna gör att cylinderblocket klarar av de hårda belastningarna som är igång i motorn.

■ I cylinderblocket finns lagerlägen för kamaxeln och noggrant bearbetade styrningar för ventillyftarna. Mer om det när vi beskriver ventilsystemet.

■ Smörjoljekanaler är borrade i blockets längdriktning.
Det finns alltid en huvudkanal (gallerikanal) som har borrade kanaler till ramlagerlägena och till kamaxelns lagerlägen. Dessutom finns en kolvkylningskanal som leder olja till kolvkylningsmunstycken, ett för varje cylinder. Du hittar mer om detta under "smörjsystemet".

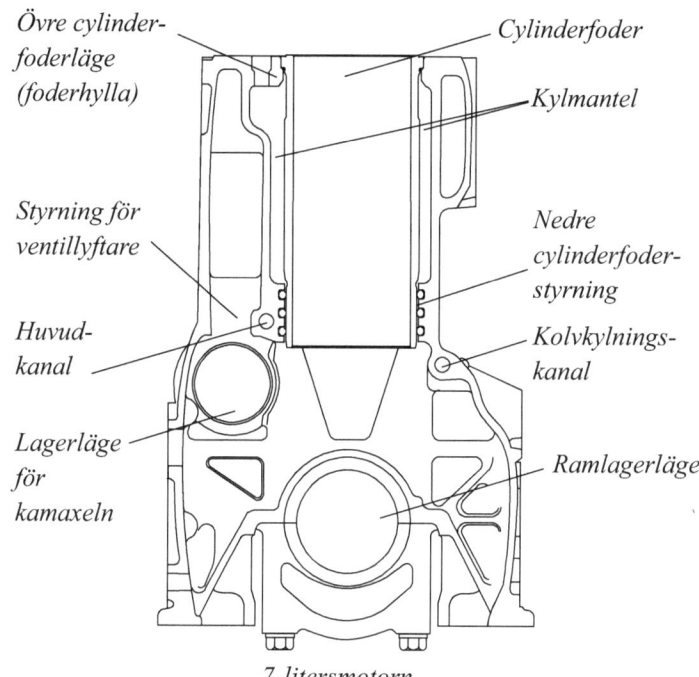

7-litersmotorn

Bilden här bredvid är från vår 16-litermotor.
Du känner igen det mesta från förra blocket. Men kamaxeln ligger högt i den här motorn och kamaxellägena får sin smörjning genom en kanal från huvudkanalen.
Du ser också att kanalen fortsätter uppåt. Kanalen leder olja till ventilsystemet.

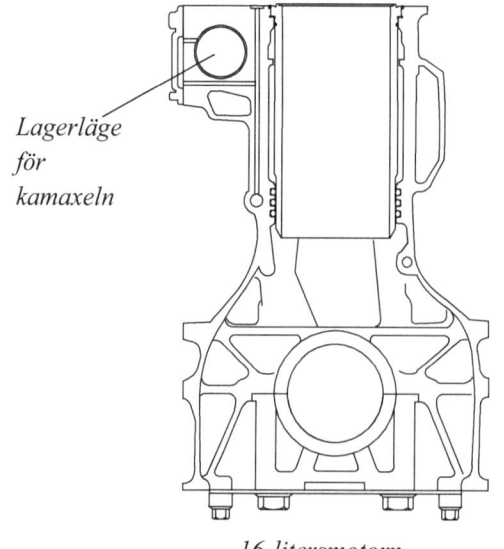

16-litersmotorn

HUR DIESELMOTORN ÄR BYGGD

Man kan göra cylindrarna i blocket på flera sätt:

- Borra cylindrarna **direkt i blocket**. Det är vanligt hos bensinmotorer.
- Man kan använda **torra cylinderfoder** som är inpressade i urborrningar i blocket
- Man kan välja **våta cylinderfoder** som är i direkt kontakt med kylvätskan.

Torra foder är ovanliga, men finns i en del dieselmotorer.

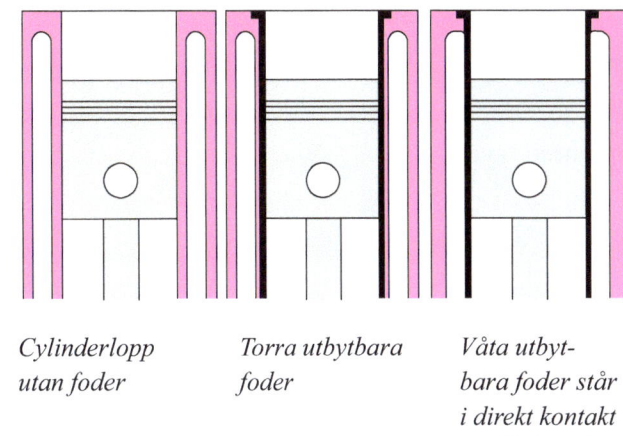

Cylinderlopp utan foder   *Torra utbytbara foder*   *Våta utbytbara foder står i direkt kontakt med kylvätskan*

Volvo använder våta cylinderfoder i sina dieselmotorer. En fördel med de här lösa fodren är att man kan välja det bästa cylindermaterialet till dem. Cylinderfodren är utbytbara vilket är en stor fördel vid motor-renovering.

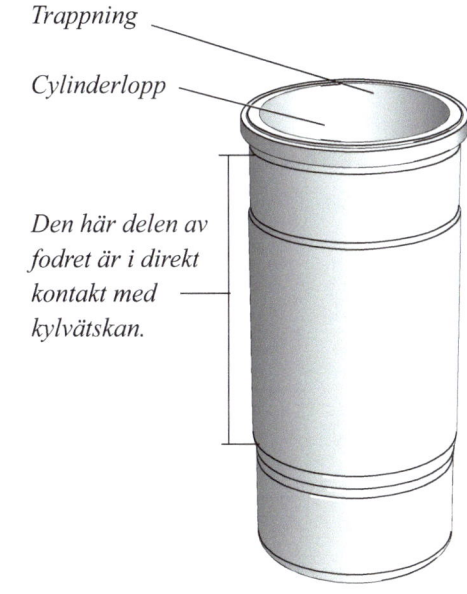

Cylinderloppet är bearbetat med hög precision. Det måste vara cylindriskt över hela längden och det måste ha slät yta. Cylinderloppet svarvas och henas.
Heningen ger ett rutmönster och sker i två steg. Det sista steget kallas *platåhening*.
I rutmönstret bildas tusentals oljefickor som hjälper till att ge en stabil oljefilm (oljehinna) på cylinderväggen. Platåheningen gör också att inkörningsperioden för motorn blir kortare.

Cylinderloppen i en del motorer har en s.k. *trappning*. Det innebär att cylinderdiametern längst uppe i cylindern är något större än cylinderdiametern i övrigt. Trappningen har uppgiften att hindra koksbildning på kolven. Koksbildningen kommer från förbränningen och består av fint sot som kan förstöra platåheningen och öka cylinderslitaget.

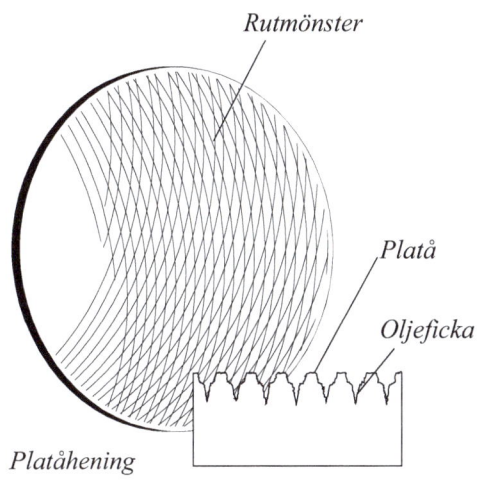

HUR DIESELMOTORN ÄR BYGGD

Cylinderhuvudet

Cylinderhuvudena är tillverkade av legerat gjutjärn, ett material som klarar av de stora påkänningarna från förbränningarna. Du vet ju att dieselmotorn arbetar med hög temperatur och högt tryck.

Cylinderhuvudena kan täcka en eller flera cylindrar:

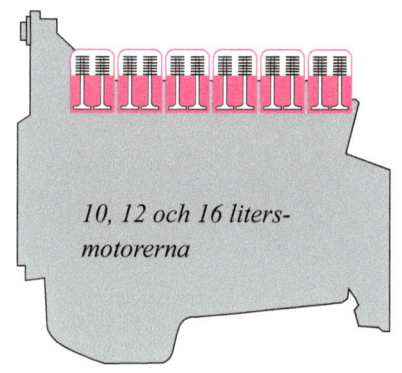
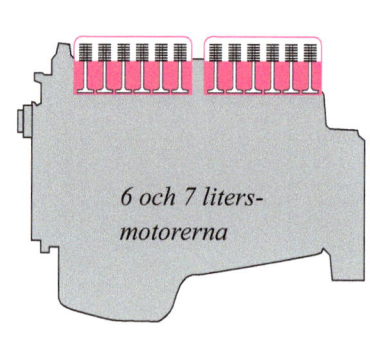
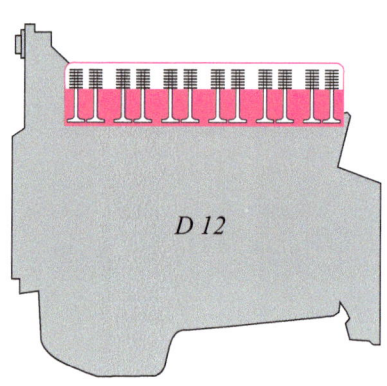

Ett cylinderhuvud för varje cylinder

Cylinderhuvudet täcker tre cylindrar

Ett cylinderhuvud för alla cylindrarna finns på D12

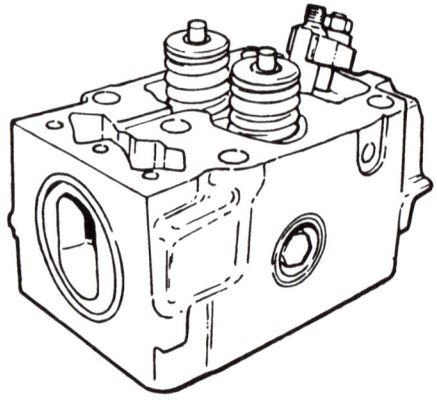

Cylinderhuvud för en cylinder

I cylinderhuvudet finns:

- Inlopps- och utloppskanaler
- Lägen för ventilsäten. Ventilsätesringarna är krympta in i sina lägen.
- Lägen för ventilstyrningar. Styrningarna är pressade in i lägena.
- Kopparhylsa för insprutaren.
- Kylmantel för effektiv kylning.

Cylinderhuvudet är i direkt kontakt med förbränningen. Det blir varmt och det behövs en stor kylmantel för att kylningen ska bli effektiv, särskilt omkring de hetaste områdena som är utloppskanalen och hylsan för insprutaren.

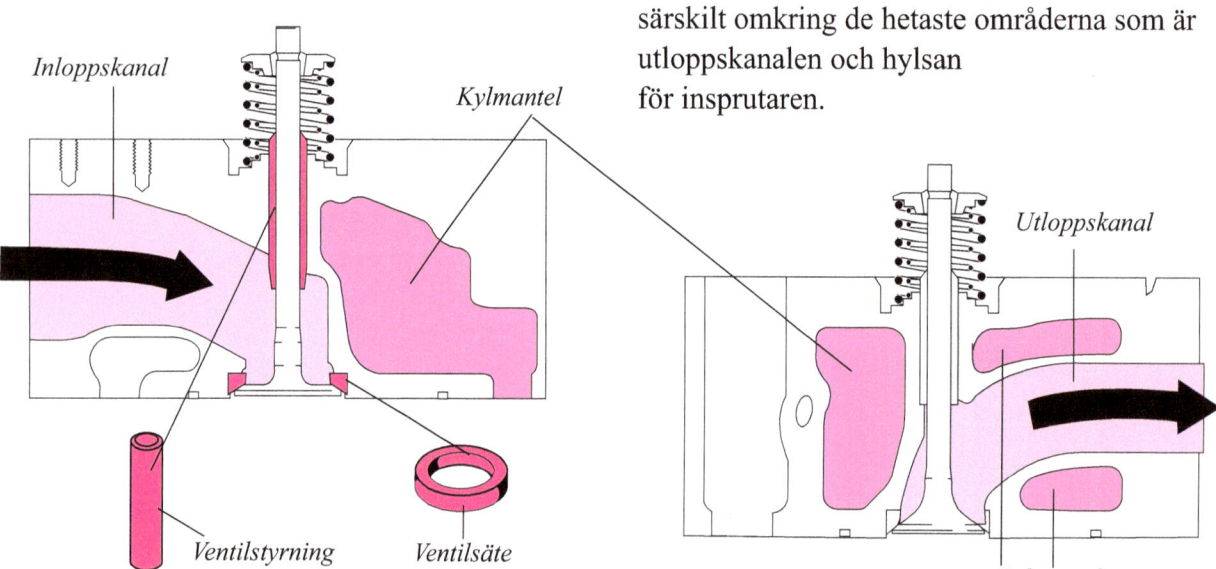

HUR DIESELMOTORN ÄR BYGGD

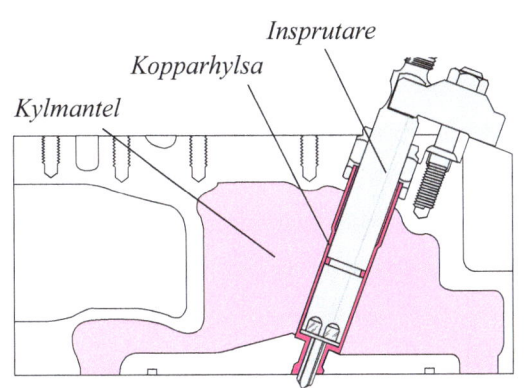

Insprutaren och kopparhylsan behöver extra stor kylmantel.

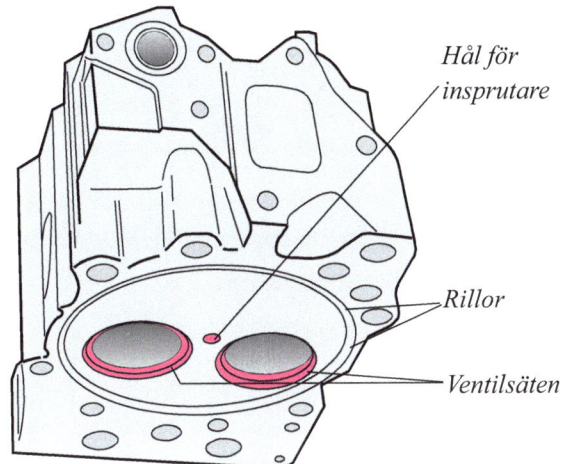

Rillorna som finns på cylinderhuvudets undersida är till för att täta mot cylinderfodret.

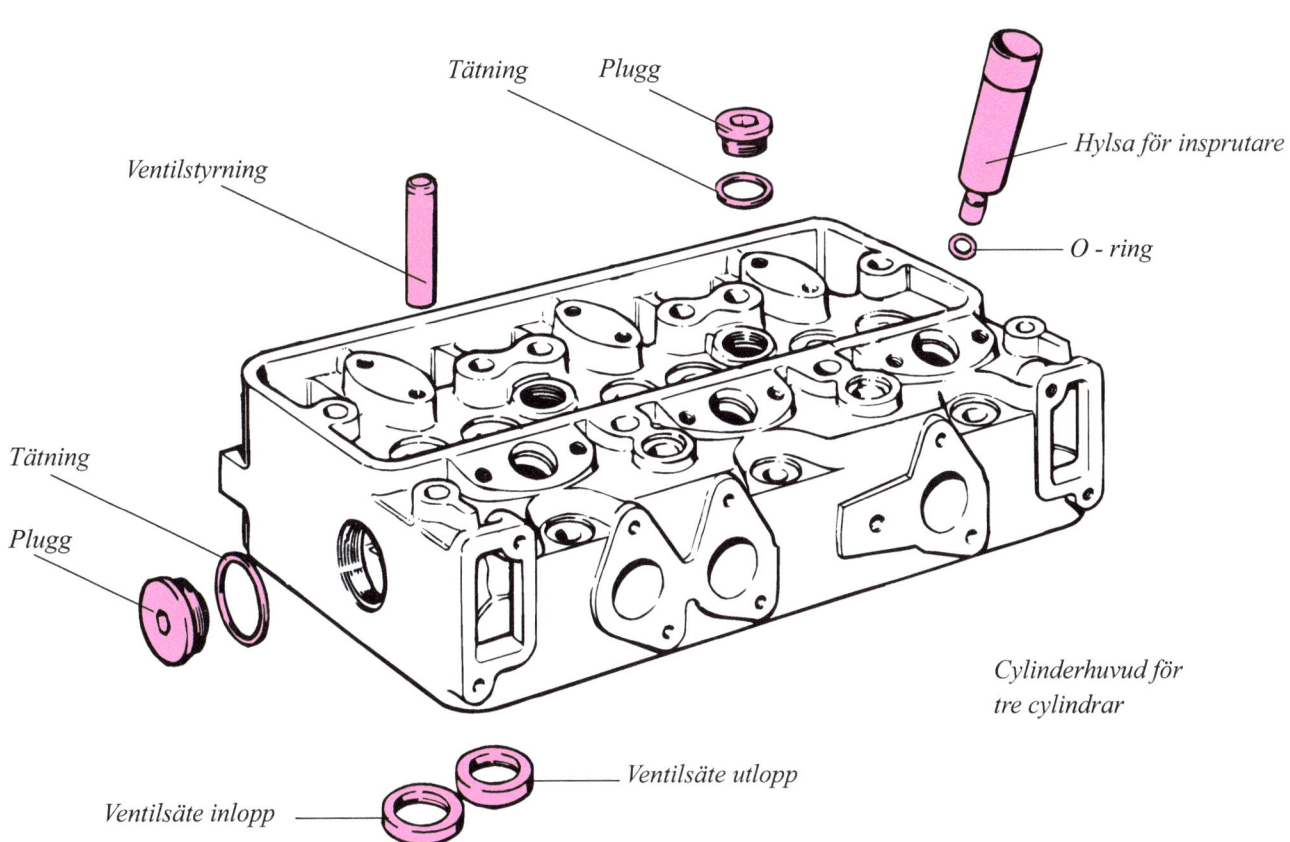

Cylinderhuvud för tre cylindrar

21

HUR DIESELMOTORN ÄR BYGGD

Prov 2.

Cylinderhuvudets och cylinderfodrets tätningar.

Av alla tätningar i motorn är det cylinder-huvudpackningen som utsätts för den hårdaste belastningen, packningen skall täta mot.

- Höga tryck i cylindern
- Kylvätska, som innehåller kemiska tillsatser
- Motorolja, som också innehåller tillsatser

Tätningen ska vara effektiv både när motorn är kall och varm. Och packningen ska ha lång livslängd.

Cylinderhuvudpackningen är tillverkad av stålplåt. En del av packningens hål tätar mot kylvätska och olja. Där är O-ringar placerade för att tätningen ska bli säker.

- När man drar till cylinderhuvudskruvarna, pressas upphöjningar eller rillor i cylinderfodret

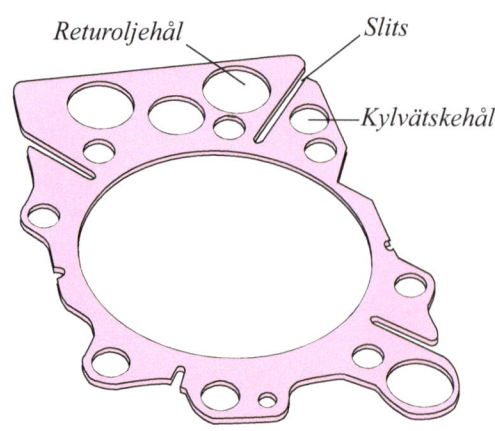

Cylinderhuvudpackning

in i packningen och ger en god tätning. Flamkanten på fodret går in i spår i cylinderhuvudet och medverkar till en säker tätning.

Rillorna och andra upphöjningar som har med tätningen att göra, kan vara utförda på flera olika sätt. Ett par ser du på bilderna.

I bilden till höger hittar du ingen stålpackning. Den sortens tätning finns i Volvos största motor, 16-litersmotorn.

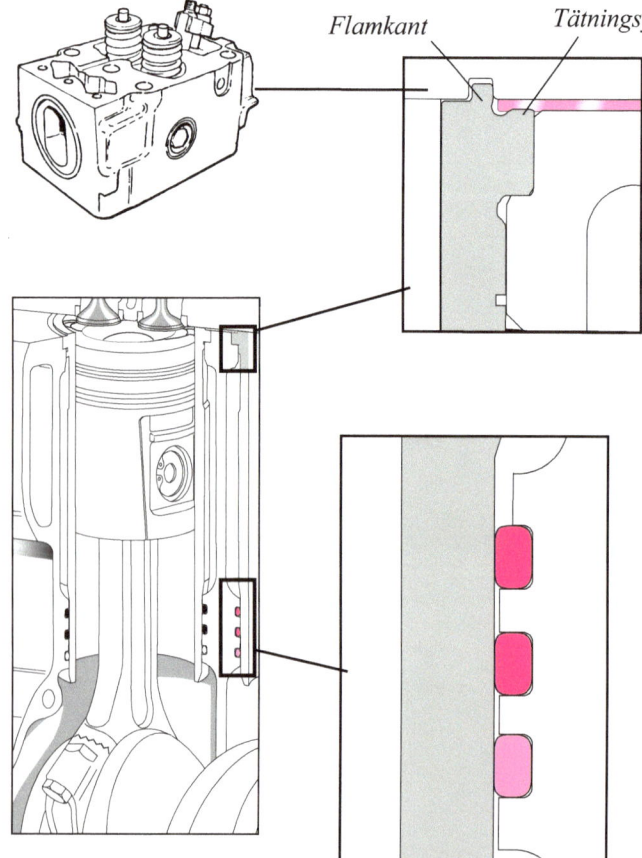

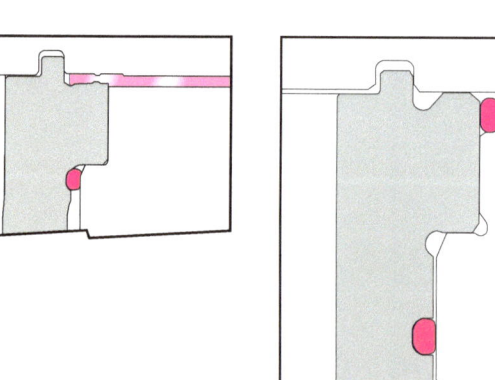

Cylinderfodret är tätat med O-ringar av gummi.

I överänden finns en eller två tunna O-ringar vid fodrets krage. Och på foderhyllan används även silikon för att tätningen skall bli effektiv.

Den nedre tätningen är två eller tre kraftiga O-ringar. Ringarna är tillverkade av en gummikvalitet som tål höga temperaturer utan att hårdna. Det minskar risken för att kylvätska läcker förbi.

HUR DIESELMOTORN ÄR BYGGD

Vevmekanismen

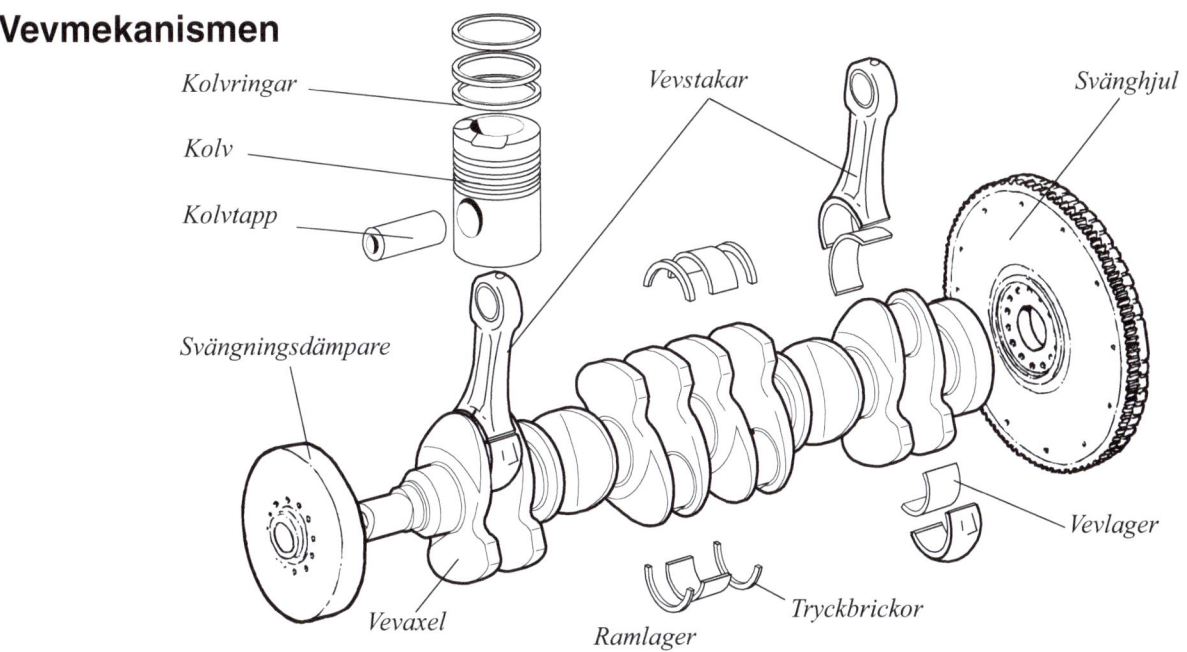

Vevmekanismen eller vevrörelsen kallas vevaxeln och delarna som är förbundna med vevaxeln. Delarna på bilden ovan, brukar räknas till vevmekanismen.

Lite om belastningar

Förbränningarna i cylindrarna ger höga tryck och delarna i vevmekanismen blir utsatta för verkligt stora krafter. Här är ett exempel:

I en av Volvos motorer är topptrycket 11 MPa när den här hårt belastad, dvs när den arbetar för fullt. Trycket verkar på kolvytan som är 130 cm^2 i den motorn. Kraften som ska överföras från kolven till vevaxeln blir omkring 140 kN (kilonewton) dvs omkring 14 ton!

■ Ungefär samma belastning i vevmekanismen skulle det bli om man travade upp tio medelstora personbilar på kolven. Tyngdkraften från bilarna skulle verka ner genom delarna.

I en annan av Volvos motorer är topptrycket 17 MPa. Det trycket, motsvarar kraften från minst femton bilar på kolven!

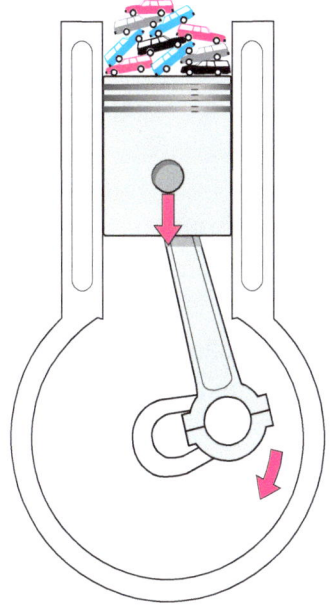

■ Dessa höga tryck och belastningar är nödvändiga och medverkar till att Volvos motorer ät så effektiva och kraftiga!
På följande sidor kan du se en del av vad Volvo gör för att motorerna ska bli driftsäkra och hållbara. Dvs klara av de häftiga belastningarna.

HUR DIESELMOTORN ÄR BYGGD

Vevaxeln

Vevaxeln är utsatt för stora belastningar. Därför är kraven höga på materialet och utformningen.

■ Vevaxlarna i Volvos dieselmotorer är smidda av specialstål och har gått igenom en speciell värmebehandling. Den behandlingen kallas nitrokarburering och ger vevaxeln
extra stor utmattningshållfasthet och hårda lagerytor.

■ När vevaxeln roterar utsätts den för centrifugalkrafter. Krafternas storlek beror på vevaxelns varvtal och på vikten hos vevslängen och vevstakens nedre del. Krafterna kompenseras av motvikter.

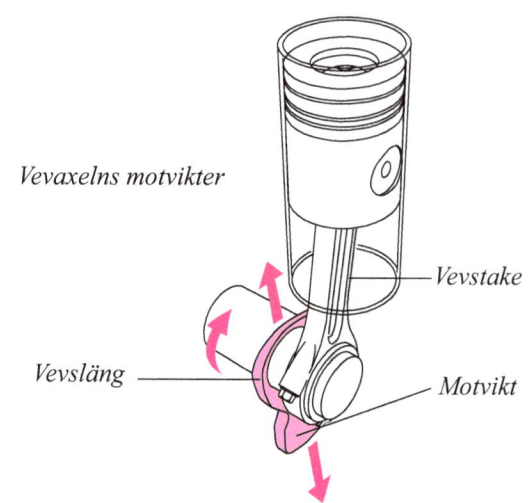

■ Vridpåkänningar uppstår i vevaxeln för varje kraftimpuls från cylindrarna. Det uppstår snabba svängningar i vevaxeln och svängningarna kan ge vevaxelbrott.
För att minska och jämna ut svängningarna sätter man dit svängningsdämpare, som är monterad i vevaxelns framände.

En **svängningsdämpare** är alltid gjord så att en svängmassa kan röra sig i förhållande till vevaxeln.
Volvo använder en dämpare av vätsketyp, som jämnar ut svängningarna mycket effektivt.

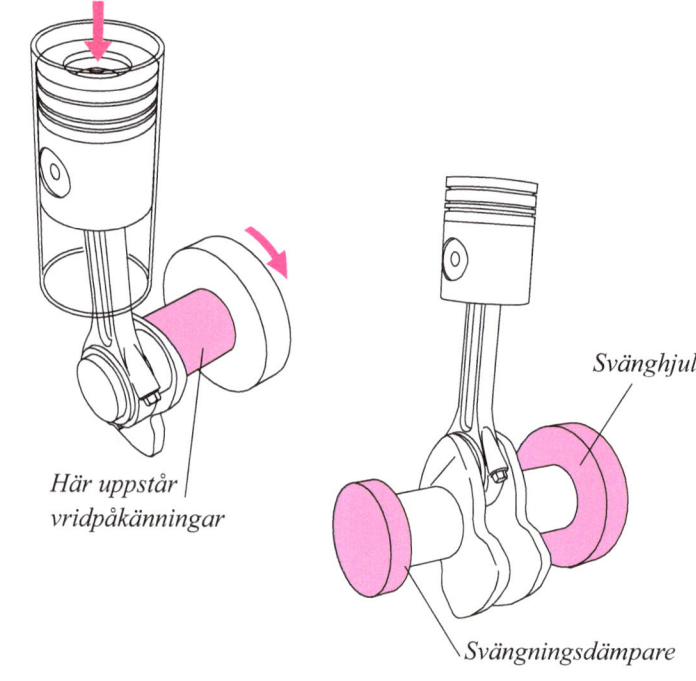

Svängmassan (dämparringen) är lagrad på en ringformad bussning inne i ett tillslutet hus.
I huset finns trögflytande silikonolja som omger hela svängmassan.
Svängmassan strävar att rotera med jämn hastighet. Vridpåkänningarna ändrar vevaxelns varvtal något. Den varvtalsändringen bromsas upp av silikonoljan och den tröga svängmassan.

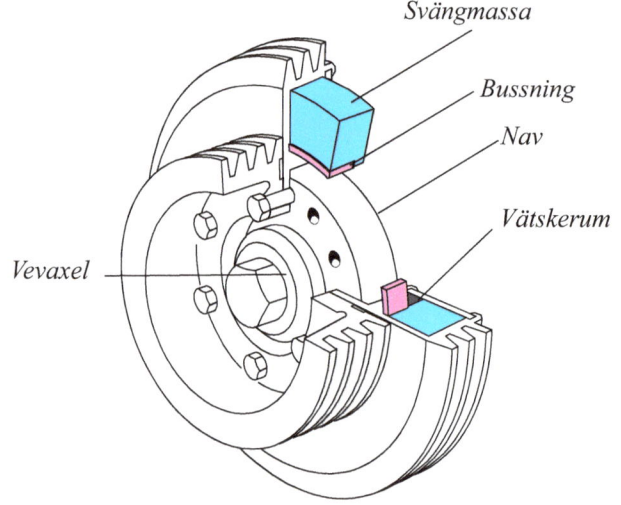

HUR DIESELMOTORN ÄR BYGGD

Vevaxeln är välbalanserad

Obalans i vevaxeln ger stora belastningar på vevaxeln och vibrationer hos motorn. Det är alltså nödvändigt av vevaxeln balanseras noggrant.

Obalansen uppstår när axeln har ett tyngre område någonstans. T- ex om en motvikt är tyngre än den ska vara.

Vevaxeln balanseras i en specialmaskin. Den visar hur många gram det är som ger obalansen och exakt var på axeln det materialet finns. Obalansen korrigeras genom att man borrar bort material från vevslängar eller motvikter.
De här urborrningarna kan du se på alla vevaxlar. Bilden bredvid är ett exempel.

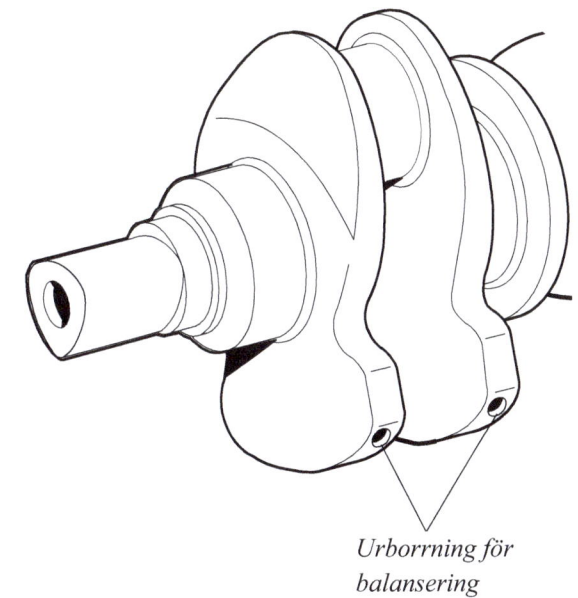

Urborrning för balansering

Sju ramlager

Volvos vevaxlar är lagrade i sju ramlager. Det är ett lagringssätt som gör motorn driftsäker och pålitlig och som ger Volvomotorn lång livslängd. "Sjulagrad vevaxel" kallas det.

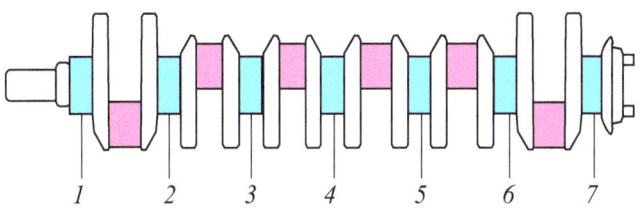

Genom sjulagringen blir det bara en vevlagertapp och vevstake mellan ramlagren. Det är en stabil vevaxellagring med stora lagerytor som medverkar till lång livslängd och hög driftsäkerhet hos motorn.

Om du jämför med den raka sexans stabila lagring med V-motorns lagring ser du en viktig skillnad.

I V-motorn måste två vevstakar samsas på samma vevlagertapp. Lagerytorna kan inte bli så stora då.

Andra fördelar med den raka sexan har du läst om på sidan 16.

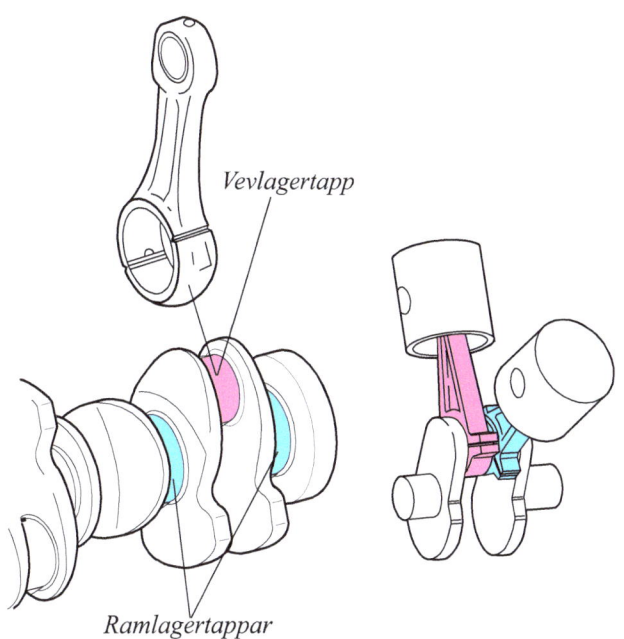

Vevlagertapp

Ramlagertappar

HUR DIESELMOTORN ÄR BYGGD

Du har tidigare läst att smörjoljekanaler är borrade i cylinderblocket till ramlagerlägena. Ramlagren smörjs med olja under tryck, de är alltså trycksmorda. Vevlagren måste också smörjas effektivt. Därför finns borrade oljekanaler i vevaxeln. Från ramlagertapparna till vevlagertapparna. Du ser på bilden hur de är borrade.

Hur vevslängarna är ordnade i förhållande till varandra, kan du se på bilden bredvid.

För en rak sexcylindrig motor gäller det här:

- Kolvarna 1 och 6 gör sina upp- och nedåtgående rörelser samtidigt.
- Kolvarna 2 och 5 gör sina rörelser samtidigt.
- Kolvarna 3 och 4 gör rörelserna samtidigt.
- Det är 120 vevaxelgrader mellan tändningarna (och arbetsimpulserna) i cylindrarna.

Att det är tätt mellan tändningarna är väl inte nytt för dig. Kontrollera på sidan 12 om du är tveksam.

Ramlagren

Vevaxeln är lagrad i cylinderblocket genom ramlagren. I alla fyrtaktsmotorer är lagren utbytbara glidlager som är tillverkade med stor precision. Lagren är helt färdiga för ditsättning när de kommer från tillverkaren.

Glidlagret består av lagerskålar. Lagerskålarna är uppbyggda av en stålstomme som är fodrad invändigt med lagermetall. Lagermetallen är blybrons, en legering av koppar och bly med koppar som grundmetall, ca 70–80%. Lagermetallen är pläterad (har ett överdrag) med indium, ett material som skyddar mot nötning och korrosion.

Övre lagerskålen sitter i cylinderblockets lagerläge. Den nedre lagerskålen sitter i ramlageröverfallet som är fastskruvat i cylinderblocket. Jämför sidan 18.

- I alla Volvomotorerna kan du se att ramlagerskruvarna och infästningen i cylinderblocket är mycket kraftiga. Anledningen är att skruvarna och infästningen ska ta upp stora krafter från bl a förbränningen.

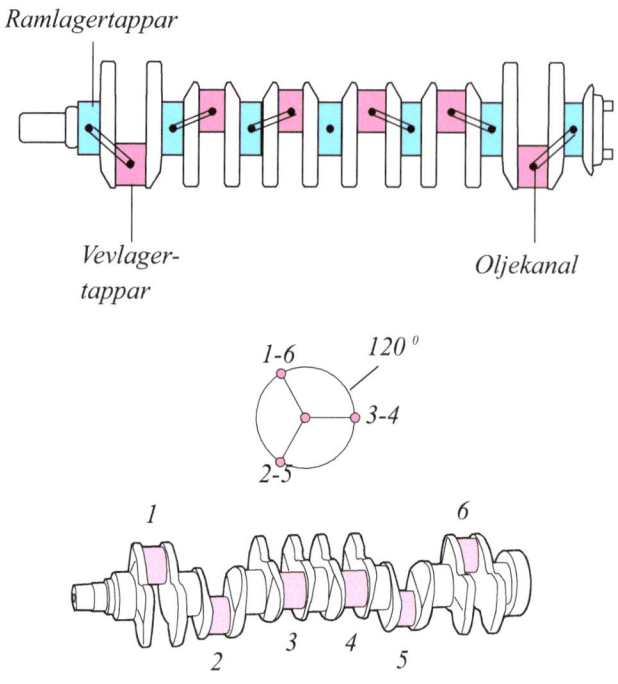
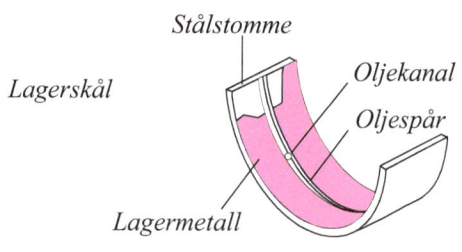
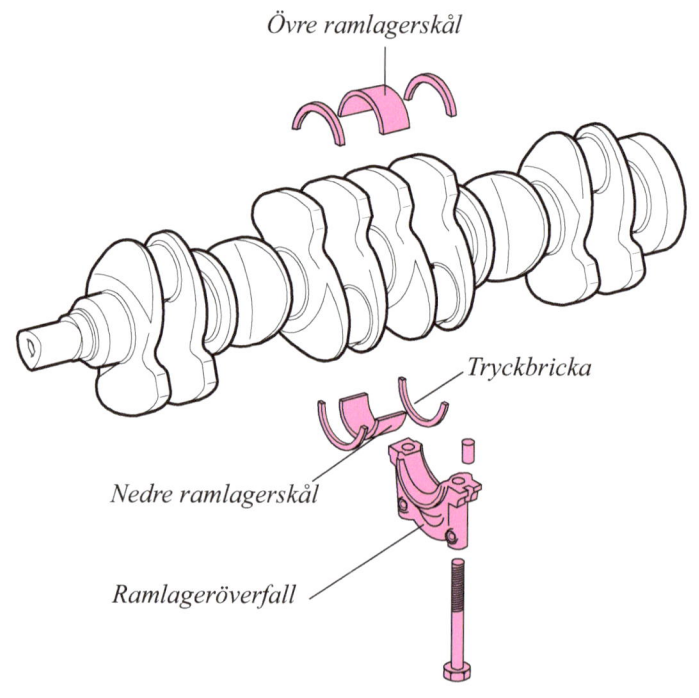

HUR DIESELMOTORN ÄR BYGGD

Stödlagret

Ett av ramlagren måste vara gjort så att det kan hålla vevaxeln i ett bestämt axiellt läge. Vevaxeln ska inte kunna flytta sig fram och åter när man accelererar eller bromsar in fordonet.

■ Lagret som styr vevaxeln axiellt, kallas stödlager. För Volvos större dieselmotorer är det ramlagret i mitten (det fjärde ramlagret) som är stödlager.
Stödlagret är utfört med lösa tryckbrickor som har en beläggning av lagermetall. De glider mot finbearbetade lagerytor i ramlagertappens ändar.

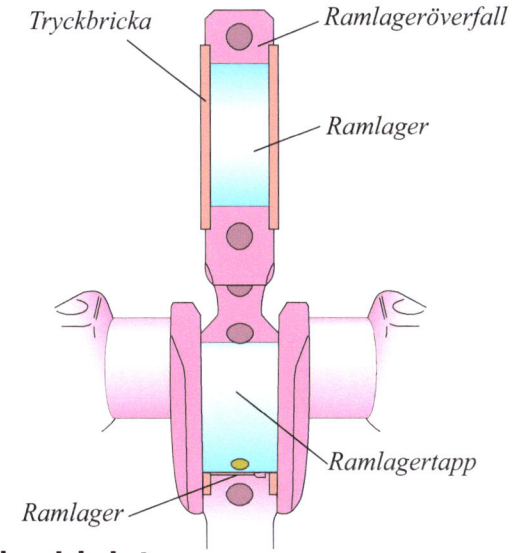

Svänghjulet

Kraftflödet från motorns cylindrar är ganska ojämnt. Diagrammet visar hur kraftimpulserna kommer vid olika cylinderantal.

Den encylindriga motorn ger endast en kraftimpuls vartannat vevaxelvarv.
Ju flera cylindrar motorn har desto tätare blir det mellan kraftimpulserna. Motorn får en jämnare gång. På sidan 12 har du sett vad som gäller för en rak sexcylindrig motor.
Men i början av varje kraftimpuls ökar vevaxelns varvtal och mot slutet av impulsen minskar varvtalet.
Svänghjulets uppgift är att jämna ut de här variationerna i varvtal så att motorn får en jämnare gång. Utjämningen sker genom att energi magasineras i svänghjulet under kraftimpulsen och "lämnas av" under kraftimpulsens slutskede.

Andra uppgifter för svänghjulet

■ Startkransen sitter på svänghjulet. Det är i den som startmotorns drev kuggar in när motorn ska startas.

■ Generatorn, pumpen, bilens kraftöverföring etc, är anslutna till motorn genom svänghjulet. Kopplingen verkar mot en planslipad yta på svänghjulet.

■ På motorer som har elektronisk reglering av bränsleinsprutningen, finns indikeringsspår som har med regleringen att göra. Du kan se sådana spår på svänghjulet, sidan 23.

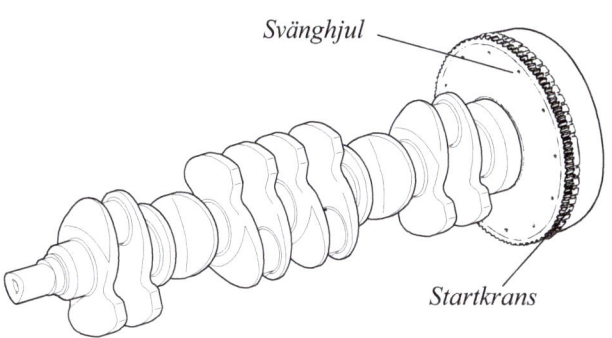

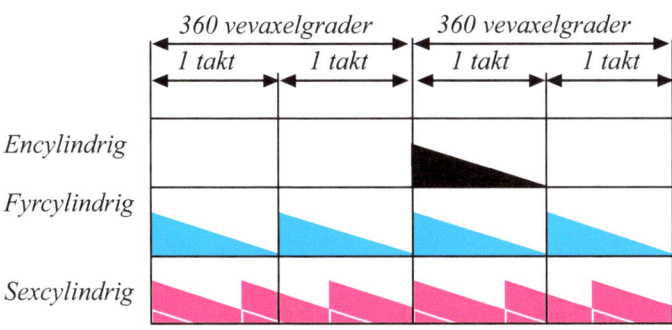

Ojämnt kraftflöde från cylindrarna

HUR DIESELMOTORN ÄR BYGGD

Vevstaken

Vevstaken är smidd av höglegerat stål. Krommolybdenstål eller krom-mangan-kiselstål är vanligt. Materialet är mycket hållfast och därför är vevstaken både stark och lätt.

Vevstaken är smidd i I-profil. Det gör att den blir lätt men ändå så stark att den inte kröks av de stora belastningarna från förbränningen.

Vevstakens nedre ände (storänden) är lagrad på vevlagertappen med vevlager. Vevlagret är ett glidlager som är uppbyggt på samma sätt som ramlagret.

Den övre änden (lilländen) är förbunden med kolven genom kolvtappen. Kolvtappen är lagrad med bronsbussning som är inpressad i vevstakens lillände.

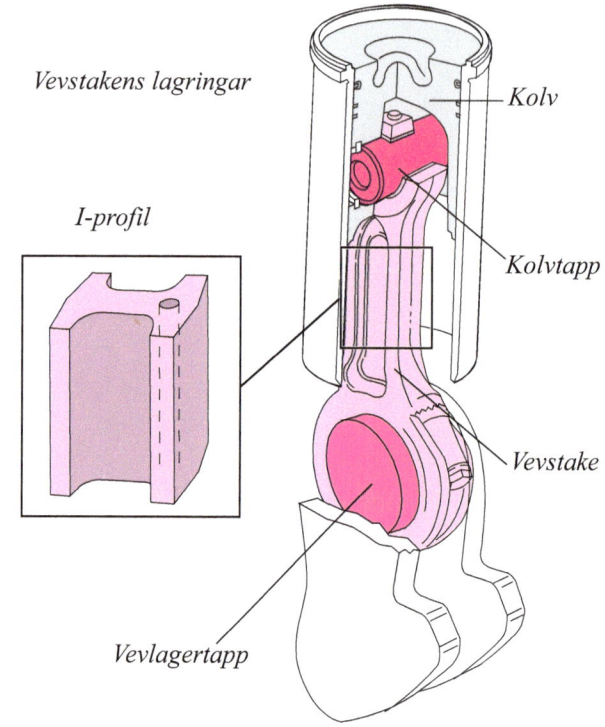

Vevstakens lillände är trapetsformad. Det gör att lagerytan mot kolvtappen kan fördelas på bästa sätt mellan vevstaken och kolven.
Se på bilden längst uppe på nästa sida!

Vevlagret smörjs genom kanaler som är borrade i vevaxeln. Se på sidan 26 om du har missat det. Oljan från vevlagret går vidare genom en borrad kanal i vevstaken upp till kolvtappen.

Vevstakens storände är diagonalt delad för att man ska kunna sätta ned och ta upp vevstaken genom cylindern. Det är den kraftiga diametern på vevlagertappen som är grunden till det. I delningsplanet finns räfflor (serrations).
Räfflorna avlastar vevlagerskruvarna från krafter som uppstår i delningsplanet.

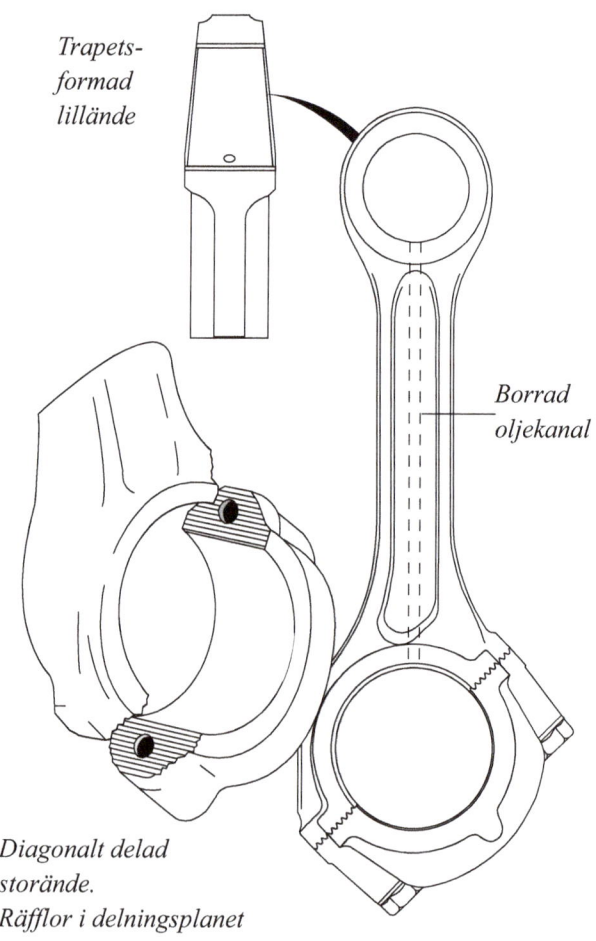

HUR DIESELMOTORN ÄR BYGGD

Kolvtappen (kolvbulten)

Tidigare har du fått veta att kolvtappen är en hårt belastad del i vevmekanismen.

■ Kolvtappen är tillverkad av högvärdigt material. Krommanganstål och krommolybdenvanadinstål är vanligt.

■ Kolvtappen är rörformad för att vikten ska bli låg. Den är ythärdad och finpolerad. Måttnoggrannheten är mycket stor.

■ På bilden bredvid ser du varför vevstakens trapetsformade lillände är bra för kolvtapps-lagring. Kolvtappens lagerytor blir extra stora där belastningen är störst. Samtidigt minskar risken för sprickbildning i kolven.

■ Avlastningsurtag i kolvtappshålet (side relief) är en annan lösning på problemet med sprickbildning.
Vid urtagen har kolvtappshålet en större diameter och det ger utrymme för kolvtappen när den ändrar form vid hög belastning.

■ Kolvtappen är lagrad i både vevstaken och kolven, sk flytande passning. Den är rörlig i både kolven och vevstaken.
Kolvtappen hindras från att röra sig mot cylinderväggen genom låsringar som sitter i spår i kolven på var sida av kolvtappen.

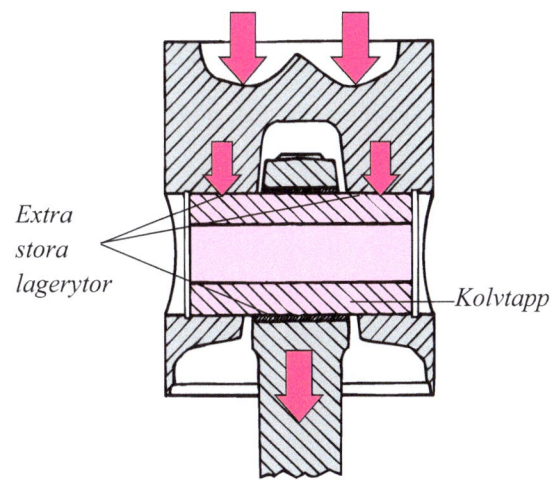
Extra stora lagerytor — Kolvtapp

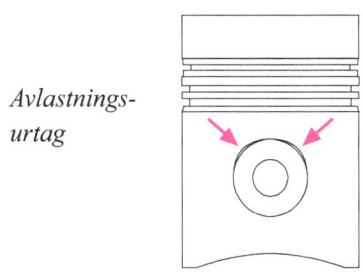
Avlastningsurtag

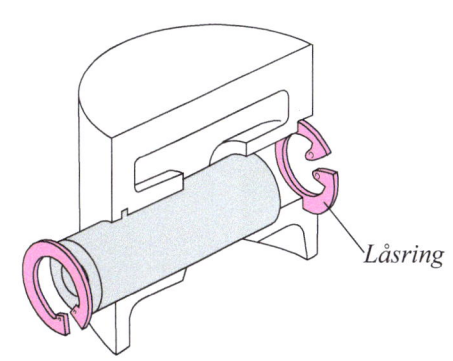
Låsring

Vevlagret

Vevlagret består av två lagerskålar. Den ena sitter i vevstakens nedre del, den andra i vevlageröverfallet. Vevlageröverfallet sitter fast med skruvar i vevstaken.

Lagerskålarna har styrknaster (fixeringsflikar) A, som passar i motsvarande urtag B
i lagerlägena. Lagerläget är noggrant slipat med överfallet fastsatt på vevstaken.

■ Märkningen C ger information så att delarna kommer rätt när man sätter ihop motorn.
Vevlagren är trycksmorda genom oljekanalerna i vevaxeln. Jämför sidan 26.

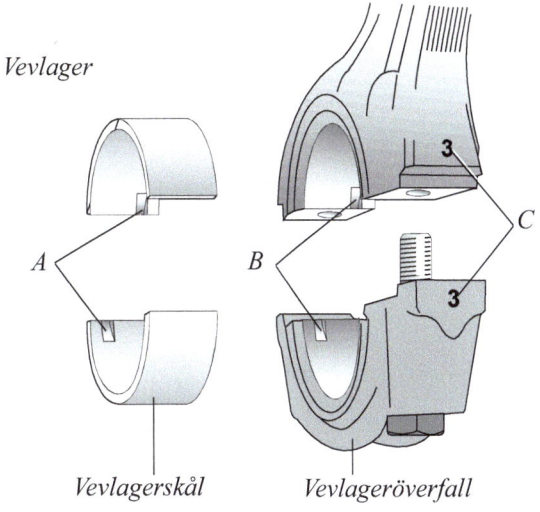
Vevlager
Vevlagerskål   Vevlageröverfall

HUR DIESELMOTORN ÄR BYGGD

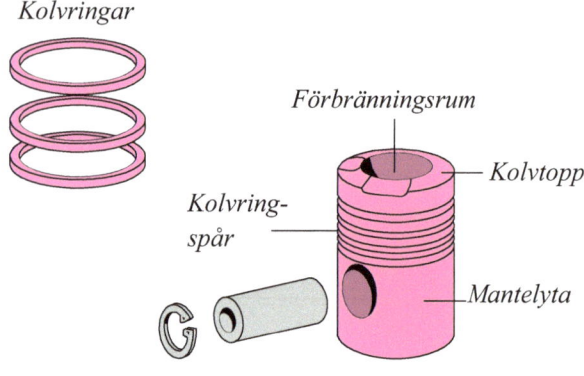

Kolvringar, Förbränningsrum, Kolvtopp, Kolvringspår, Mantelyta

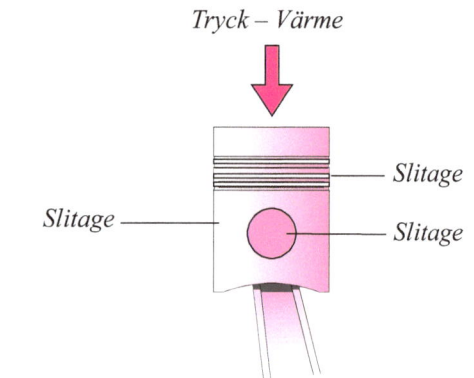

Tryck – Värme, Slitage
Värmebelastning och mekaniska påkänningar

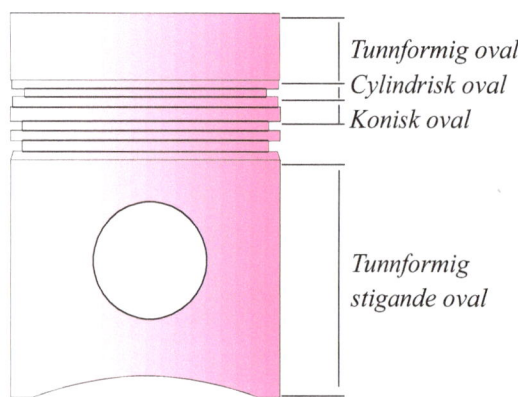

Tunnformig oval, Cylindrisk oval, Konisk oval, Tunnformig stigande oval

Kolven

Du har tidigare läst om stora belastningar på delarna i vevmekanismen. Kolven är inget undantag. Den ska ta upp förbränningstrycket och överföra stora krafter genom kolvtappen till vevstaken och vevaxeln.

■ Den övre delen av kolven, kolvtoppen, och området ned mot kolvtappshålet är kraftigt utformade. I det området finns förstärkningar som hindrar formförändringar.
Den nedre tunnare delen av kolven, mantelytan, är kolvens styryta mot cylindern.

■ Kolven måste hålla tätt i cylindern. Genomblåsning, dvs att förbränningstrycket minskar genom läckage mellan kolven och cylindern, betyder kraftförlust för motorn. Kolven tätar mot förbränningstrycket med hjälp av kolvringarna som ligger i kolvringspåren.

Kolven utsätts både för värmebelastning och mekaniska påkänningar:
■ belastning från förbränningstrycket
■ nötning mot cylinderväggen
■ nötning av ringspåren genom kolvringarnas rörelser
■ nötning av kolvtappslagringen.

Kolvarna är tillverkade av en lättmetallegering. Genom tillsats av kisel, järn, nickel, mangan, koppar och magnesium får legeringen lämpliga egenskaper. Materialet får god hållfasthet samtidigt som materialet inte utvidgar sig för mycket när det värms upp.
Men kolven ändrar ändå form när den blir uppvärmd under drift. Det beror på att materialutvidgningen är olika stor vid olika godstjocklek.

■ Kolven är slipad så att den är oval och tunnformig när den är kall.
När motorn är igång och temperaturen stiger ändrar kolven sin form och blir rund.
Diametern längst ned på kolvmanteln är ca 0,9 mm större än diametern längst uppe vid kolvtoppen

HUR DIESELMOTORN ÄR BYGGD

Kolvtillverkaren håller snäva måttoleranser, men det blir ändå små måttskillnader. Som regel 0.07–0.08 mm på diametern för den största och minsta. Därför klassas kolvarna efter diametern i olika klasser A, B, C, D, osv. På samma sätt klassas cylinderfodren.

Kolv och foder paras ihop efter den instämplade klassningsbokstaven. Kolvarna och fodren monteras som kompletta cylinderfodersatser.

Exempel på klassningstabell för cylinderfoder och kolvar.

Klass	Cylinderdiameter	Kolv, klassdiameter
A	130,120–130,135	–
B	130,135–130,150	129,970–129,985
C	130,150–130,165	129,985–130,000
D	130,165–130,180	130,000–130,015
E	130,180–130,195	130,015–130,030
F	130,195–130,210	–

En stor del av kolvens värme leds av genom kolvringarna till cylindern. Det medför att den övre kolvringen och kolvringspåret blir särskilt utsatt för slitage. Därför sitter den övre kolvringen i alla Volvodieslar i en kolvringsbärare av gjutjärn. Den är ingjuten i kolven med en metod som ger metallisk bindning med lättmetallen i kolven.

Kolvkylning

Kolven blir mycket varm när motorn går hårt belastad, och kolvringarna kan inte leda av hur stora värmemängder som helst.

Volvos motorer har kolvkylning med olja för att klara av det här problemet. En särskild kolvkylningskanal i cylinderblocket (sidan 18) leder olja till kolvkylningsmunstycken, ett i varje cylinder. Oljan sprutar in i kolven. Antingen direkt mot kolvtoppen eller in i en kanal i kolvtoppen.

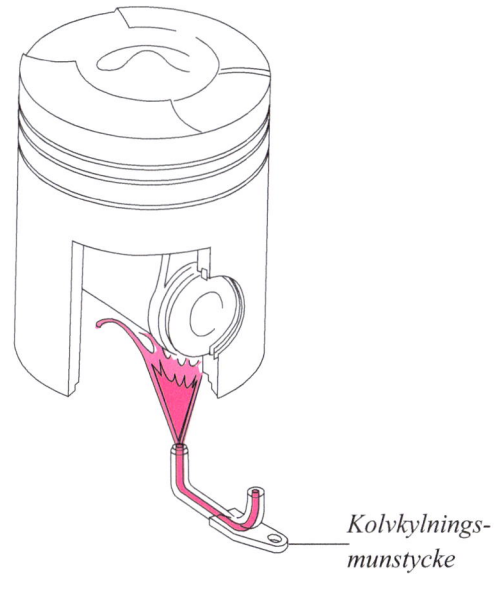

Kolvkylningsmunstycke

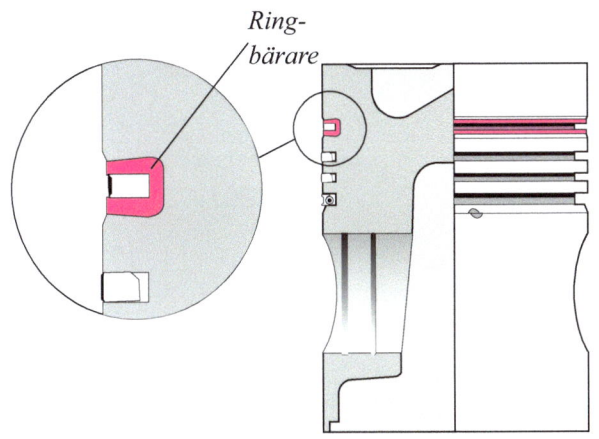

Ringbärare

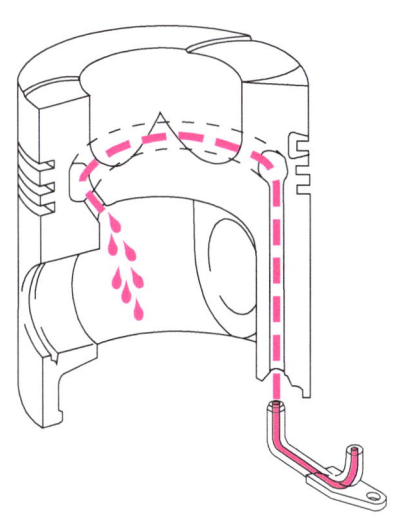

HUR DIESELMOTORN ÄR BYGGD

Kolvringarna

Det finns två slags kolvringar i ringspåren

■ **Kompressionsringar** som tätar mot kompressionstrycket och förbränningstrycket.
De är utsatta för högt tryck, hög temperatur, slitage mot cylinderloppet och krafter som kommer av den fram- och återgående rörelsen som kolven gör.

■ **Oljeringar** som håller oljemängden på cylinderväggen inom tillåtna gränser.
När kolven går nedåt skrapar oljeringarna bort överflödig olja. Oljan leds tillbaka till oljetråget. Genom oljeringarna hindras oljan att komma upp i förbränningsrummet. Där skulle oljan ge driftstörningar genom den sotbeläggning som bildas när oljan förbränns.

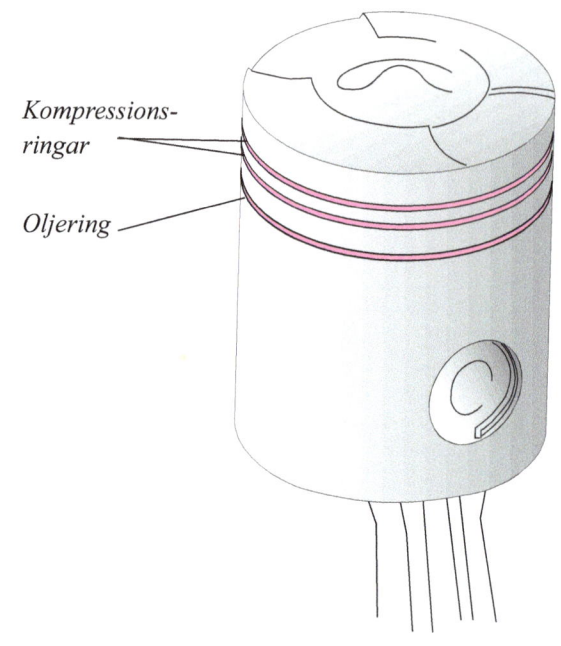

Kompressionsringar
Oljering

■ I Volvodieslarna finns två eller tre kompressionsringar och en eller två oljeringar.
Alla kolvringarna är tillverkade av en speciell gjutjärnskvalitet och har ytbehandlats för att få lång livslängd.

Kolvringarna finns i många olika utföranden.
Här är några:

■ Den övre ringen har rektangulärt tvärsnitt, en pålitlig kolvring som har funnits länge.
I Volvos dieslar har den här ringen förkromad glidyta mot cylinderväggen och den har dessutom en beläggning av molybden som ökar slitstyrkan.

■ Andra och tredje ringarna har invändig stegkant. Den gör att ringen vrider sig i ringspåret så att den skrapar olja när kolven går nedåt. Ringen kallas "Twistring". De här ringarna är också förkromade.

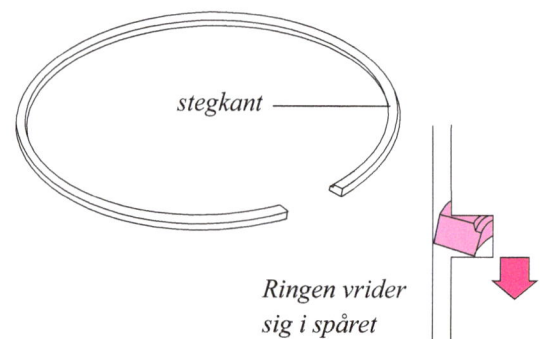

stegkant

Ringen vrider sig i spåret

Det är *viktigt* att man sätter dit ringarna rätt i ringspåren. Felvända ringar kommer att skrapa upp olja till cylinderns överdel. Motorn kommer att förbruka mycket olja och det blir sotbeläggning i motorn.
Ringarna är alltid märkta med TOP. Och märkningen ska naturligtvis vändas uppåt.

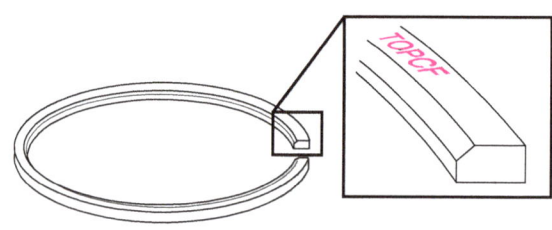

TOP-märkning

HUR DIESELMOTORN ÄR BYGGD

Prov 3.

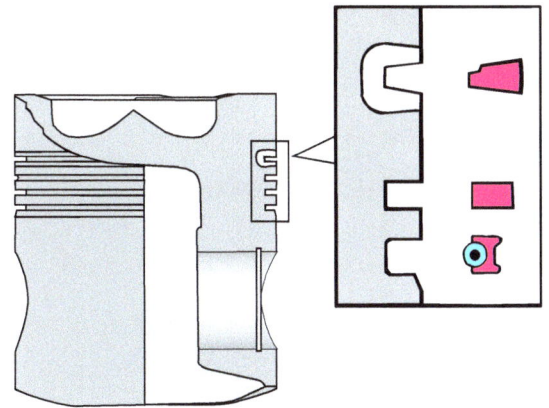

Den här kolven har två kompressionsringar.

■ Den övre har trapetsformat tvärsnitt och kallas Keystone-ring. Den här ringtypen har förmågan att hålla sig ren genom att de sneda ytorna arbetar mot ringbärarens ytor.
Ringen är förkromad och har en beläggning av molybden.

■ Andra ringen har rektangulärt tvärsnitt. Och naturligtvis är den förkromad och kan också vara belagd med molybden.

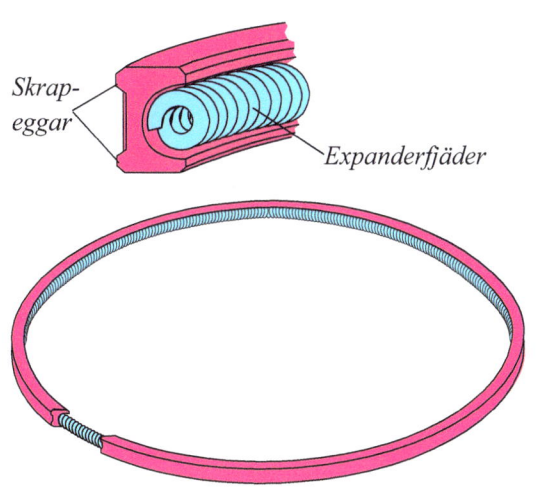

Oljeringarna har två förkromade skrapeggar som pressas mot cylinderväggen. Det är ringens egen fjäderkraft eller en expanderfjäder bakom ringen som ger den nödvändiga kraften.

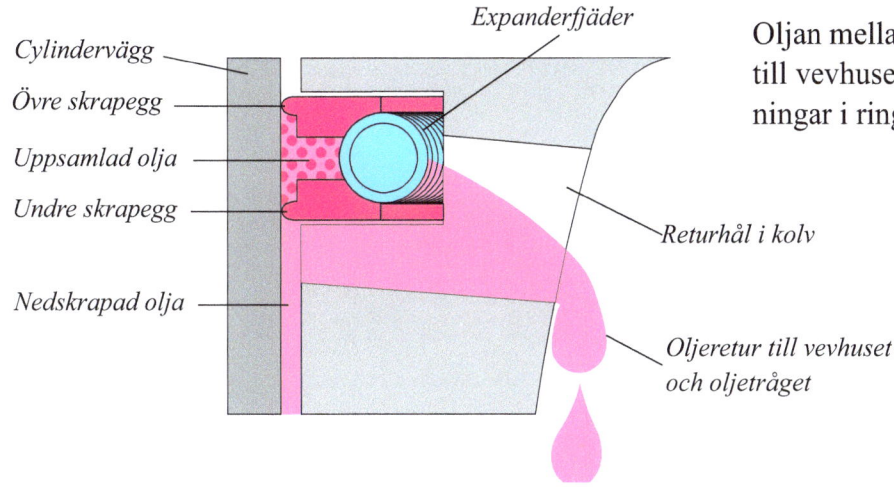

Oljan mellan skrapeggarna leds tillbaka till vevhuset och oljetråget genom avlånga öppningar i ringen och returhål i kolven.

HUR DIESELMOTORN ÄR BYGGD

Ventilmekanismen

Alla dieselmotorer är **toppventilmotorer**. Det innebär att ventilerna sitter i cylinderhuvudet ovanför cylindrarna. Toppventiler kallas ibland för hängande ventiler.
På bilden här bredvid ser du de flesta delarna i ventilmekanismen.

■ Vad som sker är, att det fordras en fram- och återgående rörelse för att öppna och stänga ventilerna. Den rörelsen kommer från kamaxeln. Kammarna och ventillyftarna omvandlar kamaxelns roterande rörelse till upp och nedåtgående rörelse.

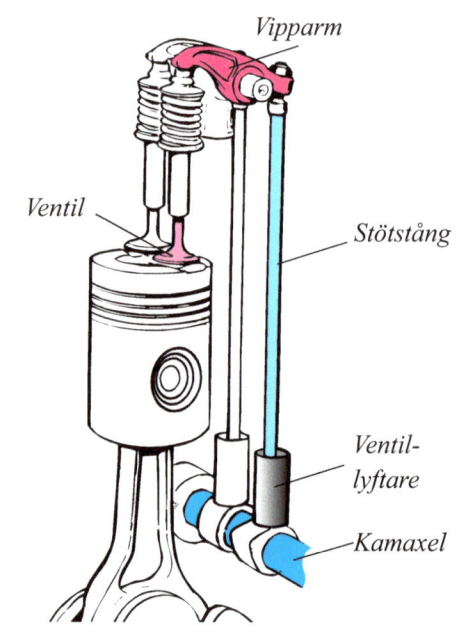

■ Överföringen av ventillyftarnas rörelser till ventilerna, kan ske på följande olika sätt:

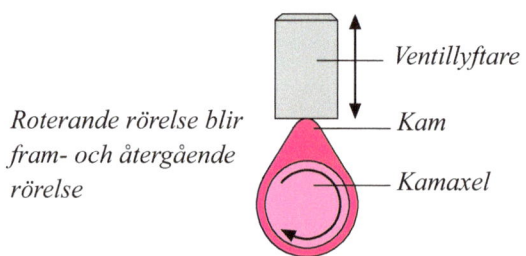

Stötstångsmotor

Den här motortypen är den vanligaste.
Lyftarens rörelser överförs genom en stötstång till vipparmen som i sin tur påverkar ventilen.
På den här bilden påverkas två ventiler genom ventiloket. Så är det i Volvos största motor, som har fyra ventiler i varje cylinder.
Bilden längst upp på sidan är från en motor med två ventiler per cylinder.

Överliggande kamaxel

I den motortypen påverkas vipparmen direkt av kammen. Det finns inga stötstänger och motorn har litet antal delar i ventilmekanismen.
Volvos motor D12 är konstruerad på det sättet.

På sidorna som följer går vi igenom delarna i stötstångsmotorns ventilmekanism.

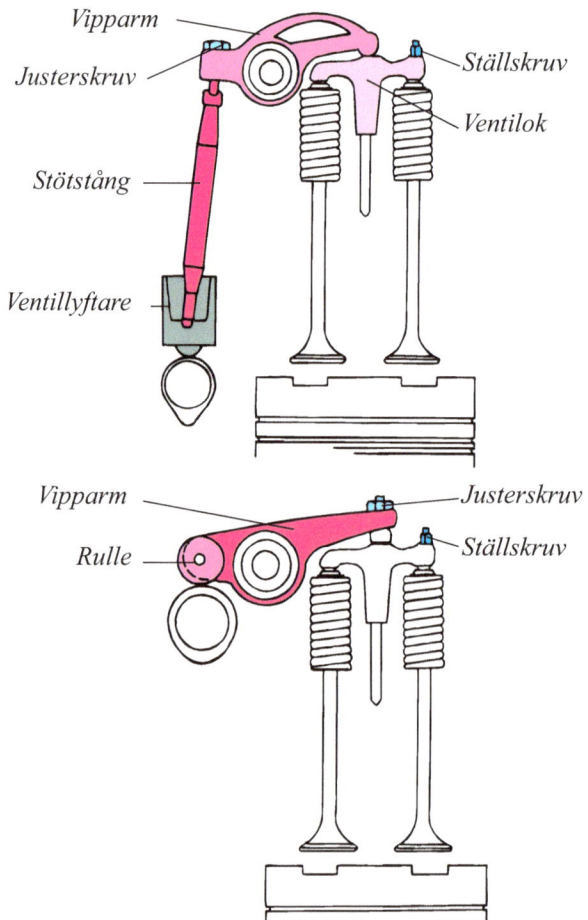

HUR DIESELMOTORN ÄR BYGGD

Kamaxeln

- Kamaxeln är tillverkad genom smidning eller gjutning. Materialet är legerat stål eller en speciell gjutjärnslegering. Axeln har en kam för varje ventil och sju lagertappar för lagring av axeln. Kammarna och lagertapparna är ythärdade.

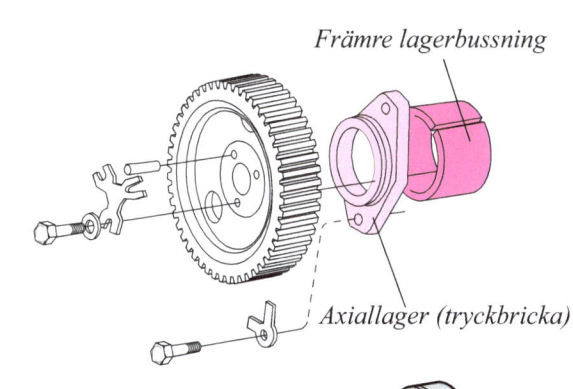

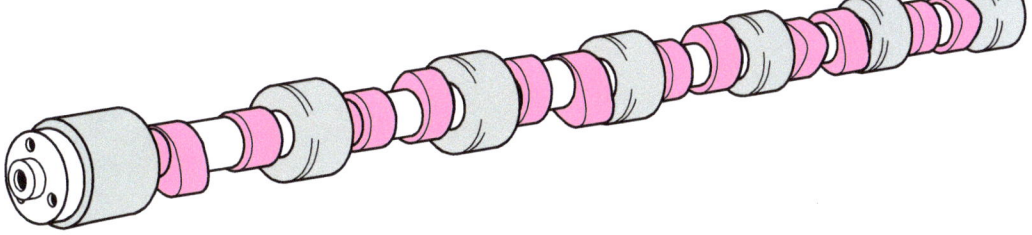

- Kamaxeln i Volvos motorer är lagrad i sju trycksmorda lagerbussningar. Sju kamaxellager gör att det bara blir två kammar mellan varje lagerbussning. Det lagringssättet klarar av de stora krafterna som uppstår när ventilerna öppnas.

Lagerbussningarna är inpressade i lagerlägen i cylinderblocket, (se sidan 18).
Ett axiallager måste finnas för att hålla kamaxeln i rätt läge. Axiallagringen är en tryckbricka som finns vid främre lagret.

- Kammarna är noggrant beräknade och utformade så att ventilerna öppnas och stängs vid exakt rätt tidpunkt.
Motorns vridmoment och andra prestanda påverkas direkt av ventilernas öppnings- och stängningstider. Avgasvärdena påverkas också.

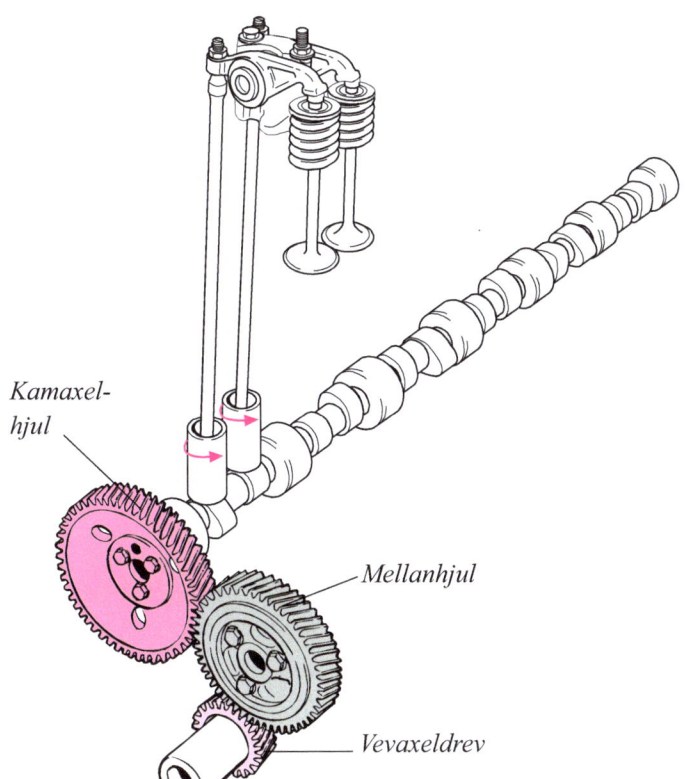

Kamaxeln drivs från vevaxeln genom ett mellanhjul.
De här kugghjulen tillsammans med många andra, är inbyggda i motorns framände.
Med ett gemensamt namn kallas kugghjulen för motortransmissionen eller bara transmissionen. Beskrivning finns på nästa sida.

HUR DIESELMOTORN ÄR BYGGD

Transmissionen

■ Motorns transmission driver kamaxeln och insprutningspumpen för bränslet. Men även andra komponenter som motorn eller installationen kräver, drivs via transmissionen.

Kylvätskepump

Mellanhjul

Insprutningspump

Servopump

Kompressor

Kamaxel

Mellanhjul

Vevaxeldrev

Mellanhjul

Oljepump

Transmissionen på bilden hör till en 6-litersmotor.

■ Kamaxeln drivs från vevaxeldrevet genom ett mellanhjul. Och kamaxelkugghjulet driver i sin tur kugghjulet på kompressorn för tryckluft.

■ Insprutningspumpens kugghjul drivs av samma mellanhjul som driver kamaxelns kugghjul.

Insprutningspumpens kugghjul driver i sin tur:
■ kylvätskepumpen som drivs genom ett litet mellanhjul
■ servopumpen som drivs direkt av insprutningspumpens kugghjul.

■ Oljepumpen till motorns smörjsystem drivs genom det stora mellanhjulet längst ner i transmissionen.

> Det är absolut nödvändigt att kamaxelhjulet och kugghjulet för insprutningspumpen kommer rätt i förhållande till vevaxeldrevet.
> En enda kugge fel på kamaxelhjulet betyder att ventilerna kommer att slå emot kolven.
> Kugghjulen är sammärkta för att du ska kunna få dit kugghjulen rätt när du sätter ihop motorn.

Alla kugghjulen i Volvos motorer har snedskurna kuggar. Det gör att motorn går tystare samt minskar slitaget, och friktionsförlusten. Se på sidan 13 om du har glömt hur det är med förluster i en motor.

HUR DIESELMOTORN ÄR BYGGD

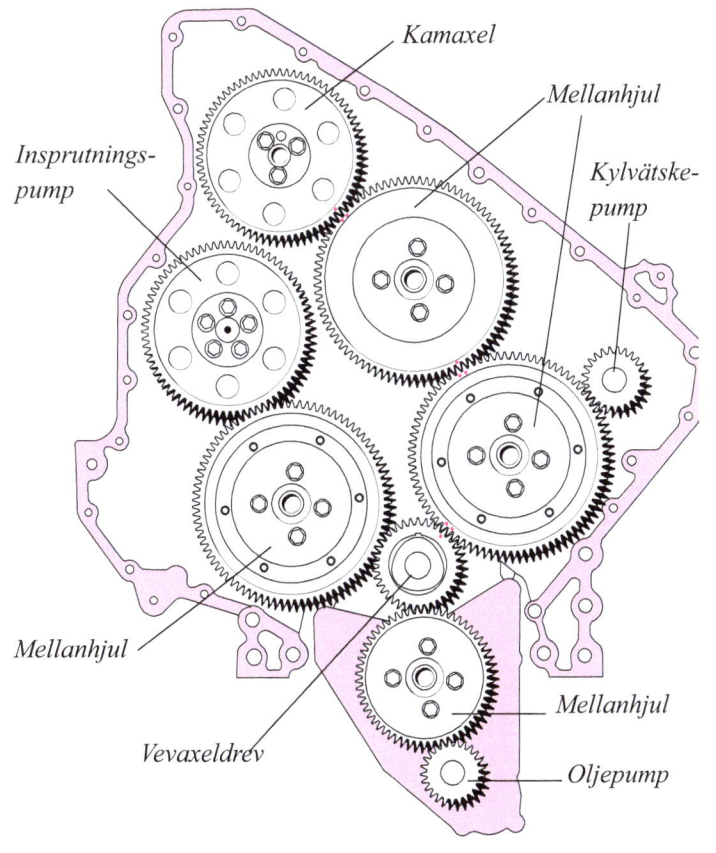

Den här transmissionen hör till Volvos största motor, 16-litersmotorn.

■ Kamaxeln ligger högt i den motorn och det måste vara två mellanhjul mellan vevaxeldrevet och kamaxelhjulet.
Kylvätskepumpen drivs från det första mellanhjulet.

■ Insprutningspumpen drivs genom ett mellanhjul.

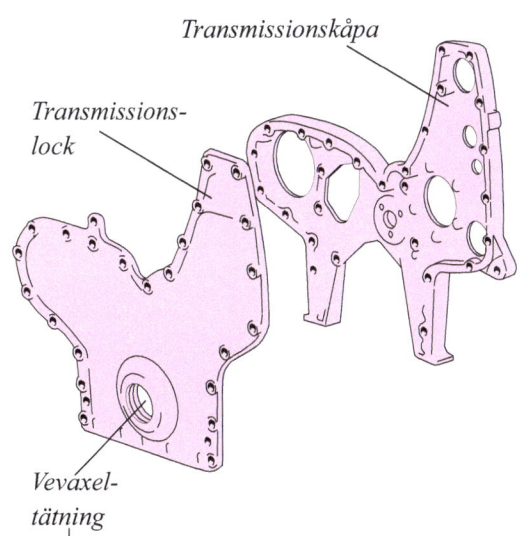

Alla transmissioner i Volvos motorer är inbyggda mellan gjutna transmissionskåpor och transmissionslock.
De här gjutna delarna medverkar till en tyst gång.

En del av Volvos motorer är ännu mer ljudisolerade genom ljudpaneler som sitter framför transmissionslocken.
Ljudpanelerna är tillverkade av laminerad plåt, dvs dubbel plåt med ett plastskikt emellan.

Vevaxeltätningen

Den här tätningen heter gummiläpptätning, men vi kallar den för det mesta för radialtätningsring. Tätningen har två gummiläppar, den yttre hindrar damm att komma in och förstöra tätningen mot olja.
Den inre gummiläppen är fjäderbelastad och den tätar mot olja genom att gummiläppen glider mot en finbearbetad yta på navet som sitter på vevaxeln.

HUR DIESELMOTORN ÄR BYGGD

Ventillyftaren

■ Ventillyftarens botten mot kamaxeln är kraftig, den tar upp ganska stora belastningar. Anliggningsytan mot kammen är svagt kupig (sfärisk) och är alltid ythärdad.

■ Manteln, som är ventillyftarens styryta mot lagringen, är tunnväggig för att vikten ska vara så låg som möjligt.

■ I Volvos dieslar sitter ventillyftaren vid sidan av kammens mittlinje. Det gör att lyftaren kommer att rotera lite för varje gång den lyfts av kammen. Slitaget blir därför jämnt fördelat över anliggningsytan och lyftarens livslängd ökar.

■ I Volvos 16-liters motor som har 4 ventiler per cylinder, används rullyftare som tål högre påkänningar.

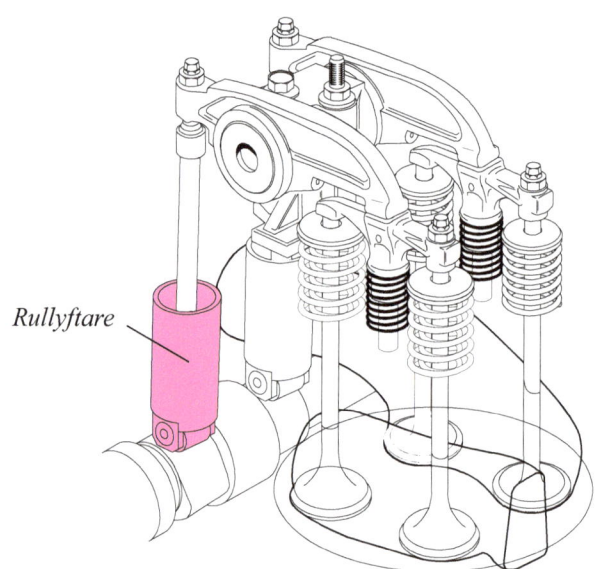

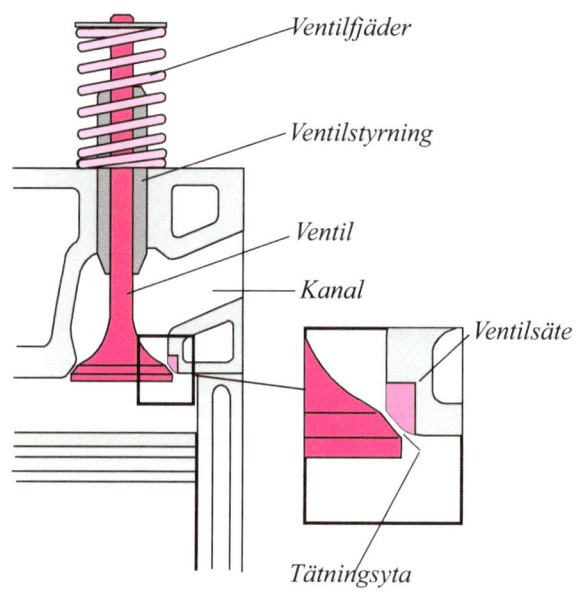

Ventiler, ventilstyrningar och ventilsäten

■ Ventilernas uppgift är att under noga bestämda tidsperioder hålla inlopps- och utloppskanalerna öppna och att under mellanperioderna hålla kanalerna stängda.

■ Ventilen är lagrad i ventilstyrningen och ventilens tätningsyta är noggrant inslipad mot ventilsätet. Om ventilerna läcker innebär det kraftförlust för motorn.

■ En eller två ventilfjädrar medverkar när ventilen ska stängas.

HUR DIESELMOTORN ÄR BYGGD

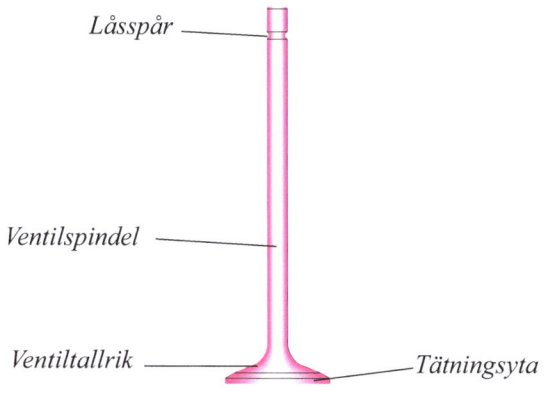

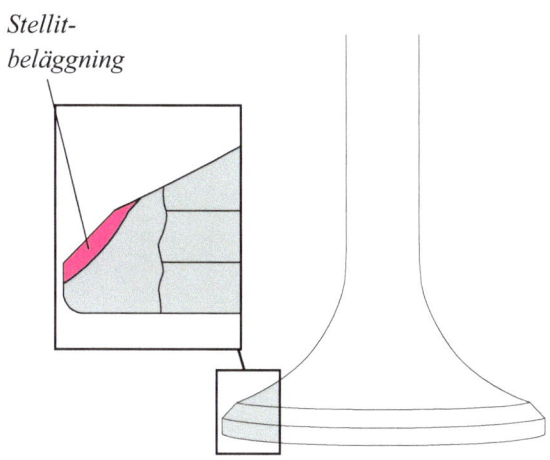

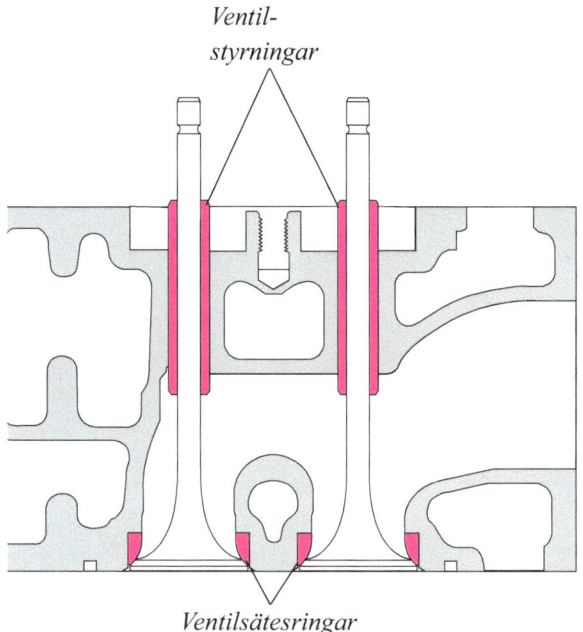

Ventilen

är utsatt för stora påkänningar.

■ Ventilen är i direkt kontakt med förbränningen och får hög temperatur. Utloppsventilen, som dessutom sitter i den heta avgasströmmen, får en temperatur upp mot 800°C i en dieselmotor.
Inloppsventilen blir inte så varm, den kyls av luften som strömmar förbi.

■ Kraften från ventilfjädern och förbränningstrycket ger fjädringsrörelser i ventiltallriken. Belastningen på ventiltallriken i en dieselmotor kan bli mer än 30 kilonewton vid varje förbränning. Det är lika mycket som belastningen på hela kolven i en del bensinmotorer.

■ Materialet i ventilerna är kromnickelstål. Utloppsventilens tätningsyta är belagd med stellit i en del motorer.
Stellit är en värmetålig legering av kol, kobolt, volfram och molybden.
En del utloppsventiler är tillverkade av två delar som är friktionssvetsade till en enhet. Tallriken är ofta tillverkad av Nimonic 80. Nimonic (najmonik) är en extremt värmehållfast legering. Ventilspindeln är av ett enklare material.

■ Både inlopps- och utloppsventilerna i Volvos motorer har förkromade ventilspindlar som ger lång livslängd.
Spindeländarna är härdade och är dessutom försedda med slithattar som är utbytbara.

Ventilspindeln är lagrad i ventilstyrningen.

■ Ventilstyrningen är tillverkad av specialgjutjärn. Styrningarna är utbytbara i Volvos alla motorer.

Ventiltallriken tätar mot ventilsätet.

■ Ventilsätena är utbytbara ventilsätesringar. De är tillverkade av ett värmebeständigt och slitstarkt material.
Ventilsätena krymps fast i sina lägen genom nedkylning till ca –70°C i speciella frysboxar.

HUR DIESELMOTORN ÄR BYGGD

Prov 4.

Ventilfjädern sitter mellan cylinderhuvudet och ventilfjäderbrickan. Brickan hålls fast på ventilspindeln med två ventillås.

■ Ventillåsen är utvändigt koniska ringar som är delade i två halvor. Invändiga upphöjningar passar i ventilspindelns spår.

■ En del motorer har enkla ventilfjädrar. Andra har dubbla fjädrar som på bilden bredvid.
Yttre och inre fjädern är lindade åt var sitt håll. Det motverkar svängningar i fjädrarna, svängningar som kan störa motorns funktion.
Dubbla fjädrar ger också en extra säkerhet om någon fjäder skulle gå av.

Tätningar

■ Alltför riklig smörjning av ventilspindeln är en nackdel. Det kan göra att motorn får för hög oljeförbrukning genom att oljan tränger ned i inloppskanalen och följer med in i förbränningsrummet.
För att hindra oljan, finns gummitätningar på ventilfjäderbrickan eller på ventilstyrningen.

Stötstången och vipparmen

■ En stötstång ska vara stark men ändå lätt. Därför är den rörformig med ipressade ändstycken. Det övre ändstycket är utformat som en kulskål som passar mot justerskruvens kulformade ände. Nedre ändstycket är kulformat och passar mot motsvarande yta i ventillyftaren.

■ Vipparmarna är lagrade på vipparmsaxeln med bronsbussningar. Lagringen är trycksmord.
På de stora motorerna som bilden visar, sitter vipparmsaxeln med två vipparmar i en lagerbock. Lagerbocken är fastskruvad i cylinderhuvudet.
De mindre motorerna med ett cylinderhuvud för tre cylindrar, har två vipparmsaxlar med sex vipparmar på varje.

■ Justerskruven är till för justering av ventilspelet. Det mäter man med bladmått mellan vipparmen och ventilspindelns ände. Ventilspelet är nödvändigt eftersom ventilen ökar i längd när den blir uppvärmd under drift.

Om ventilspelet inte fanns skulle ventilen ställa sig lite öppen när den blev driftsvarm.

■ Delarna som sitter på cylinderhuvudet är skyddade av ventilkåpor.

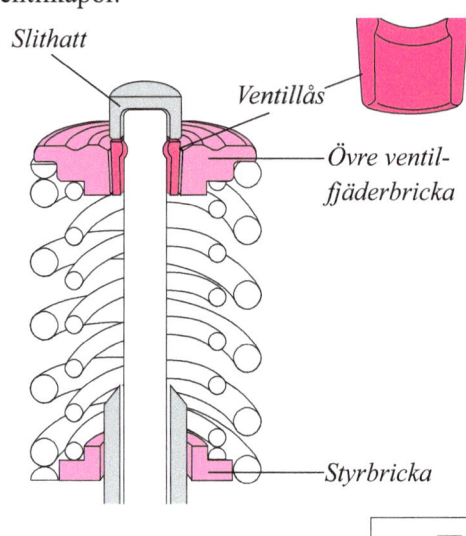

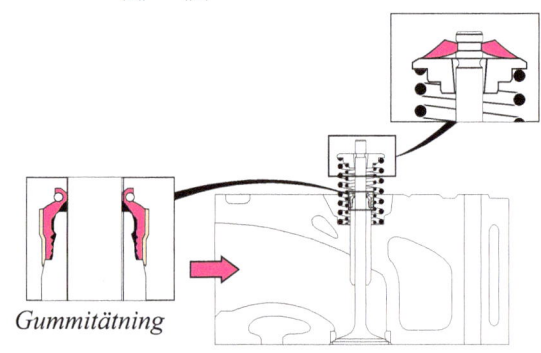

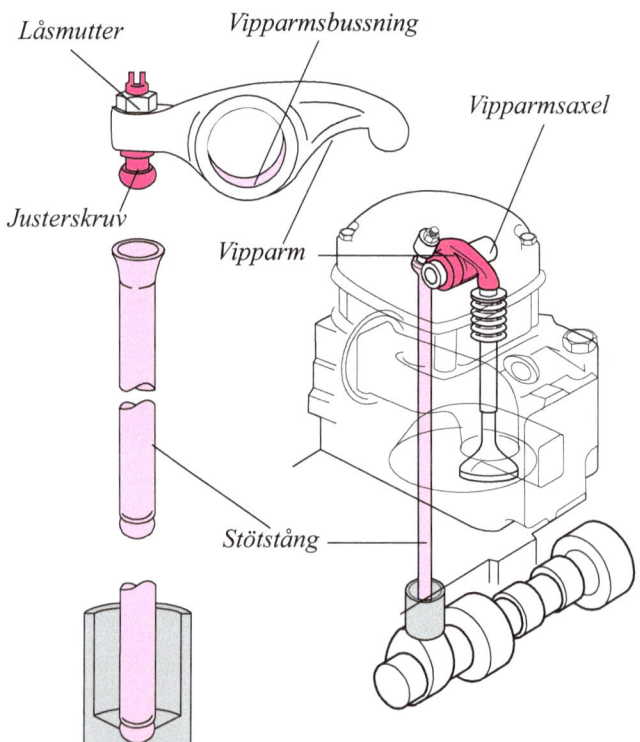

HUR DIESELMOTORN ÄR BYGGD

Anteckningar

HUR DIESELMOTORN ÄR BYGGD

Smörjsystemet

Om du frågar någon så här: "Varför ska det vara olja i motorn", får du säkert svar direkt. "Det fattar du väl att motorn måste smörjas".
Och visst är det riktigt att motordelar som glider mot varandra måste skiljas åt med ett tunnt skikt olja. Alltså smörjas, och det ska vara **ren olja och rätt sorts olja!**

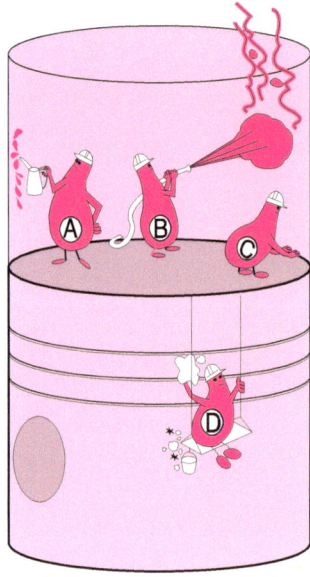

Oljan har följande uppgifter:

A. Smörja alla rörliga delar i motorn. Slitaget och friktionen blir så litet som möjligt.
B. Oljan leder bort värme från motorns delar och dämpar ljudet från motorn.
C. Oljan fungerar som tätningsmedel mellan kolvar och foder. Platåheningen håller kvar olja på cylinderväggen. Sidan 19 om du har glömt det här med platåhening.
D. Oljan håller rent i motorn genom att leda bort kolpartiklar och smuts. På så sätt hindras slambildning och korrosion i motorn.

För att klara av alla uppgifterna, är moderna motoroljor komplicerade.

■ En del är gjorda av en basolja (förädlad mineralolja) som har fått olika kemiska tillsatser. Tillsatserna ändrar egenskaperna hos basoljan så att den färdiga motoroljan klarar av de svåra uppgifterna.

■ En del motoroljor är syntetiska, dvs uppbyggda av kolväten som man har valt ut innan man börjar att bygga upp motoroljan.

Alla motortillverkare anger alltid vilken olja som motorn ska ha.
Det Volvo anger är viskositetet och kvalitetsbeteckningen.
Det här kan du se i skötselschema som finns för alla Volvos motorer.

Oljebyte

Oljan ska bytas efter ett visst antal driftstimmar. Hur ofta man gör oljebytet beror på:

■ Motoroljans kvalitet. Kvalitet VDS klarar fler driftstimmar än vad enklare oljekvalitet gör.

■ Dieselbränslets svavelhalt. Låg svavelhalt gör att oljan inte blir förorenad så fort.
Om svavelhalten är mindre än 0,5% kan man använda VDS-oljan i 400 timmar (eller 24 månader). (600 timmar för 16-litersmotorn).
Men om svavelhalten är mer än 1,0%, måste man byta VDS-oljan efter 100 timmar (eller 12 månader). (150 timmar för 16-litersmotorn).

I skötselscheman kan du se vilken oljekvalitet motorn ska ha, hur ofta oljan ska bytas, när oljefiltret ska bytas, och mycket annat. Exempel på skötselschema finns på sidorna 68 och 69.

HUR DIESELMOTORN ÄR BYGGD

Det var lite om oljans uppgifter. Och nu gäller det "bara" att få oljan till smörjställena i motorn.

Äldre motorer hade stänksmörjning. Det innebär att motordelarna smörjs med olje-stänk från den roterande vevaxeln.
Det sättet att smörja är inte tillräckligt bra i moderna högeffektiva motorer.

Alla Volvos motorer har trycksmörjsystem. Funktionen är sådan att nästan alla motordelarna smörjs med olja under tryck. En oljepump trycker fram oljan till smörjställena. Det är bara cylinderväggarna och kugghjulen i transmissionen som smörjs med olja som stänker omkring.

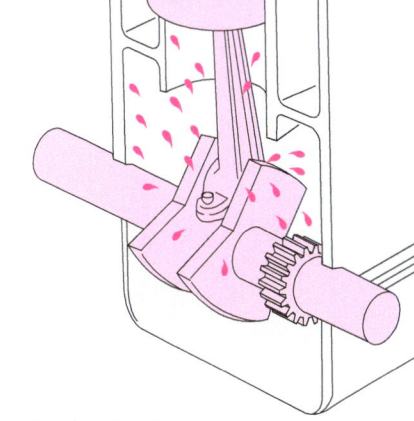

Stänksmörjning

Trycksmörjsystem

Alla trycksmörjsystem är uppbyggda på ungefär samma sätt. Oljan cirkulerar i systemet.
Det här blockschemat visar principen i ett trycksmörjsystem.

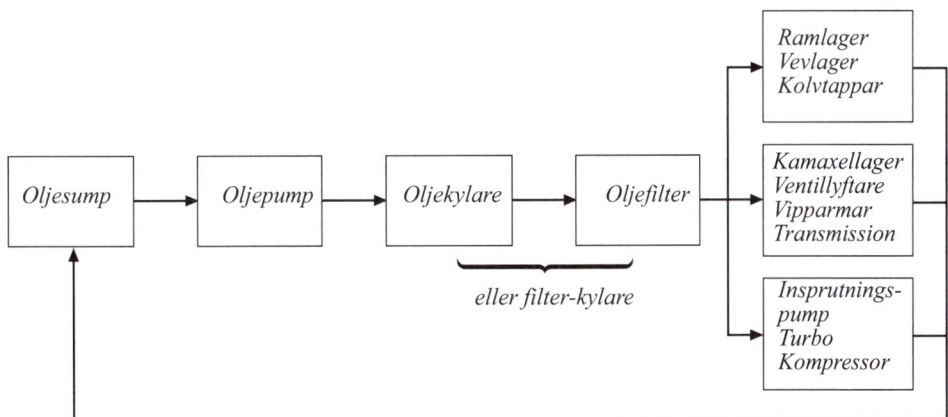

- Rätt oljekvalitet finns i oljesumpen
- Oljepumpen suger upp oljan från sumpen och trycker in oljan i systemet
- Oljekylaren kyler oljan
- Oljefilter tar bort föroreningarna från oljan
- Ett system av oljekanaler leder oljan till smörjställena
- Oljan smörjer, kyler, renar och tätar

- Oljan rinner tillbaka till oljesumpen och börjar om i cirkulationen

Det är inte så att oljan i sumpen strömmar lite långsamt genom systemet. Oljepumpen ser till att oljan cirkulerar. 100 liter i minuten är vanligt i större motorer när de går på max varvtal.

HUR DIESELMOTORN ÄR BYGGD

Smörjsystemet på de här två sidorna hör till en 7-litersmotor.

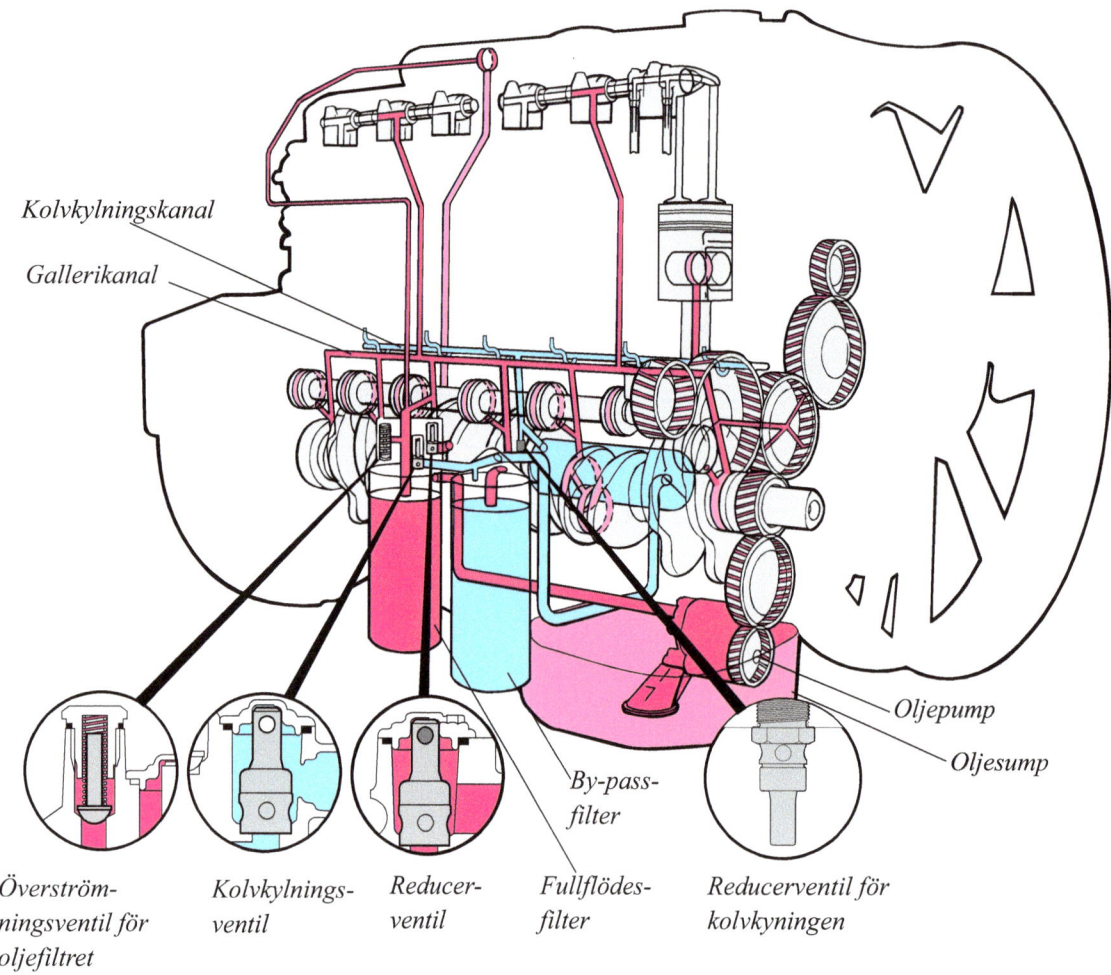

Kolvkylningskanal
Gallerikanal
Oljepump
Oljesump
By-passfilter

Överströmningsventil för oljefiltret
Kolvkylningsventil
Reducerventil
Fullflödesfilter
Reducerventil för kolvkyningen

■ Motorn är trycksmord med en oljepump som drivs från vevaxeln genom ett mellanhjul, (sidan 36).
Oljepumpen suger olja från oljesumpen och sugledningen har en sil där oljan passerar genom en silduk av metall.

■ Två oljekanaler är borrade i cylinderblockets längdriktning

■ Gallerikanalen som har kanaler ned till de sju ramlagren och två kanaler upp till ventilmekanismen.

■ Kolvkylningskanalen som har uttag för kolvkylningsmunstycken vid cylindrarna. Kanalernas läge kan du se på sidan 18.

■ Systemet har ett fullflödesfilter och ett by-passfilter. Hur oljefiltren är uppbyggda ser du på sidan 48.

■ Just den här motorn har fyra ventiler som reglerar oljeflödet. Fyra ventiler finns bara i stationära motorer.
Fordonsmotorerna har tre ventiler, där behövs inte reducerventilen för kolvkylningen.

HUR DIESELMOTORN ÄR BYGGD

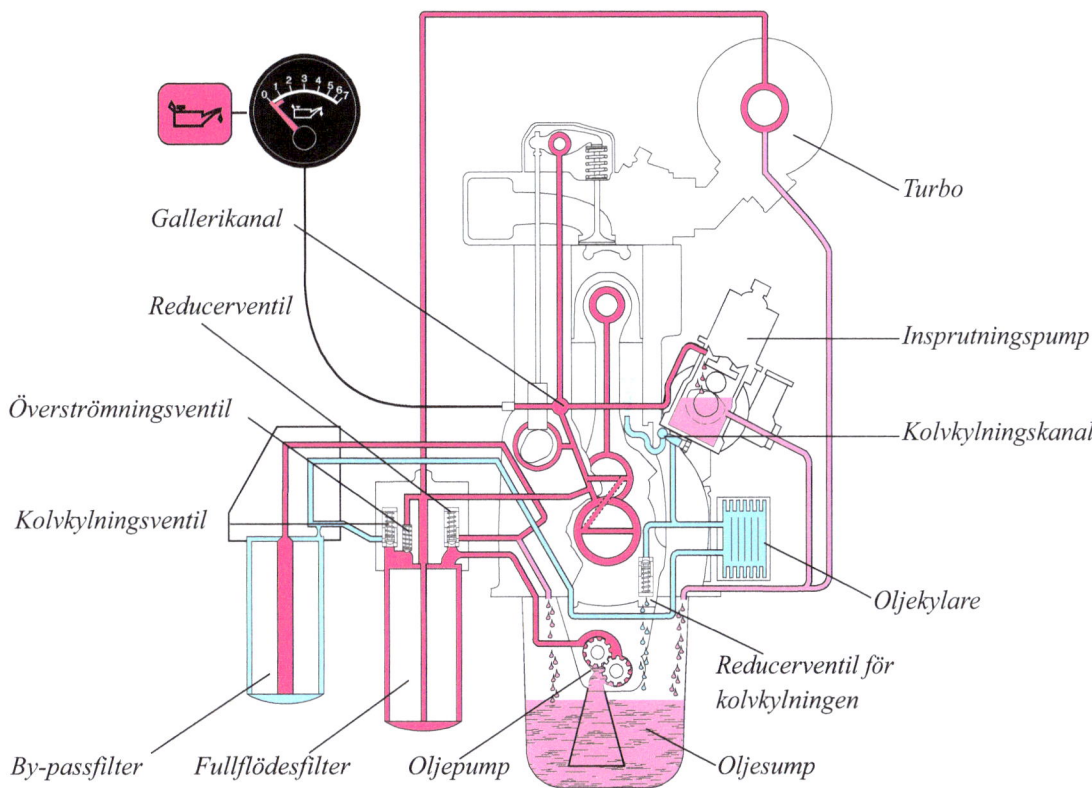

■ Olja under tryck leds till fullflödesfiltret. Hela oljemängden filtreras.
Oljepumpen kan ge ett mycket högt tryck, men trycket begränsas av reducerventilen till ett tryck som är lämpligt för motorn. Vid ett inställt tryck öppnar ventilen och släpper tillbaka olja till oljesumpen.
Den filtrerade oljan med rätt tryck leds in i gallerikanalen och fördelas därifrån till smörjställena i motorn:

■ Borrade kanaler leder ned oljan till de sju ramlagren, borrade kanaler leder oljan vidare till vevlagren, och kolvtappslagringarna får olja genom kanaler i vevstakarna.

■ Kamaxellagren får olja från gallerikanalen genom borrade kanaler och två kanaler leder upp till vipparmsaxlarna. Axlarna är genomborrade och har smörjhål vid varje vipparmslagring.

■ Transmissionen smörjs genom en kanal till ett mellandrev. Drevet är borrat så att de andra kugghjulen blir smorda. Jämför med föregående bild.

■ Turbon får olja från filterhuset genom ett rör och returoljan från turbon leds tillbaka till sumpen genom ett grovt rör.

■ Smörjningen av insprutningspumpen sker genom olja som leds till pumpen genom kanal och rör. Ett returrör leder till sumpen.

■ Överströmningsventilen öppnar och leder oljan förbi filtret när oljan är trögflytande men också om filtret är igensatt av smuts. Slarv med filterbyte är orsaken till att filtret blir igensatt.

■ Kolvkylningsventilen öppnar när motorn har ett varvtal som ligger över tomgångsvarvtalet. Då leds oljan genom ett rör till by-passfiltret. En strypning till filtret gör att bara en liten del av oljan passerar genom filtret. Den största delen av oljan leds av kanaler och rör genom oljekylaren till kolvkylningskanalen. Kolvkylningsmunstycken sprutar upp oljan mot kolvarnas undersida och en reglerventil reglerar mängden olja till kolvkylningen.

HUR DIESELMOTORN ÄR BYGGD

Här är smörjsystemet i en 16-liters motor. Du känner igen det mesta från föregående system, men det finns skillnader.

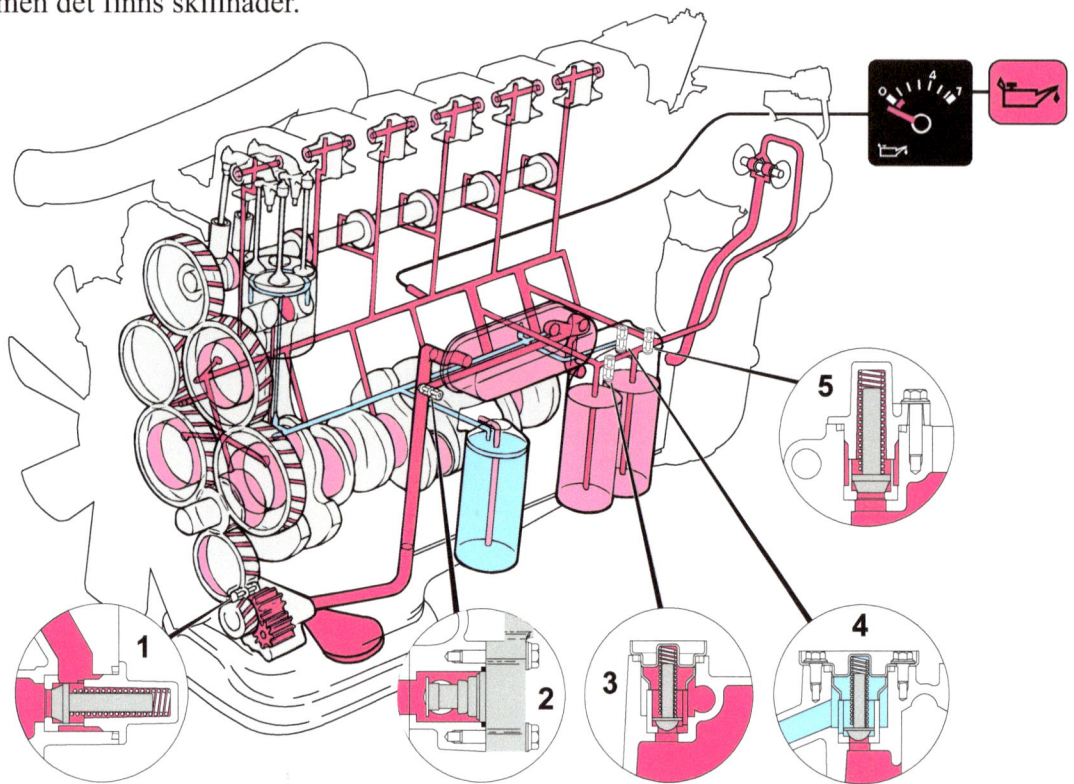

■ Motorn har två fullflödesfilter för att klara av den stora oljemängden som ska filtreras, mer än 100 liter/minut när motorn går för fullt. Motorn har ett by-passfilter som föregående motor.

■ Sex kanaler leder upp till vipparmarna. Det är nödvändigt när en motor har ett separat cylinderhuvud för varje cylinder.

■ Systemet har fem ventiler för reglering av oljeflödet, en del är inkopplade på annat sätt än i 7-litersmotorn.

1 är en säkerhetsventil som leder oljan tillbaka till oljepumpens sugsida om trycket blir för högt. Det händer t ex vid kallstart.

2 den här ventilen reglerar flödet genom oljekylaren. När oljan är kall och tjock styr ventilen så att oljan flödar vidare utan att gå genom kylaren.

3 är en överströmningsventil för filtren. Den leder oljan förbi filtren på samma sätt som i 7-litersmotorn.

4 tryckreducerventilen håller trycket i systemet på rätt värde. Vid ett inställt tryck öppnar ventilen och släpper tillbaka oljan till sumpen.

5 det här är kolvkylningsventilen som öppnar för kolvkylning vid ett varvtal som ligger över tomgångsvarvtalet.

Det här blockschemat visar hur ventilerna är inkopplade:

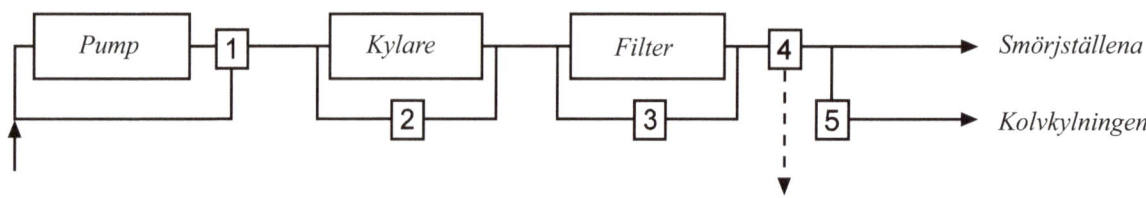

HUR DIESELMOTORN ÄR BYGGD

Oljepumpen

Oljepumpen är en **kugghjulspump**. Den är uppbyggd av två kugghjul som roterar i ett tättslutande pumphus.

■ När kugghjulen roterar uppstår undertryck på inloppssidan och oljan sugs in.

■ Oljan transporteras över till utloppssidan av kuggluckorna. Där minskar volymen när kuggarna går in i kuggluckorna och oljetrycket ökar. Oljan pumpas in i smörjoljekanalerna.
Den här pumptypen finns i de flesta Volvomotorerna. I en del motortyper finns en pumptyp som kallas rotorpump.

Oljan matas in i smörjsystemet med ett tryck som är 100–200 kPa (1–2 bar) när motorn går på lågt varvtal (tomgång). Trycket stiger till 300–500 kPa under drift.

Oljepumpen är dimensionerad så att den ger tillräcklig oljemängd vid alla tänkbara driftsförhållanden. Pumpen är mycket driftsäker, den kan går länge utan att slitaget blir
mätbart.
Pumpen drivs från transmissionen. Jämför med bilderna av smörjsystemet.

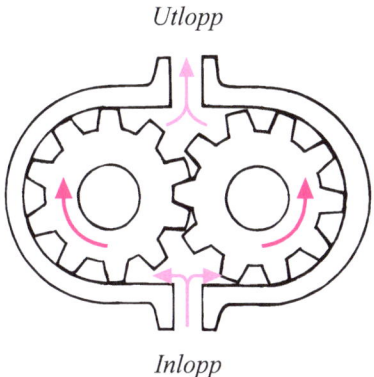

Kugghjulspumpens arbetssätt

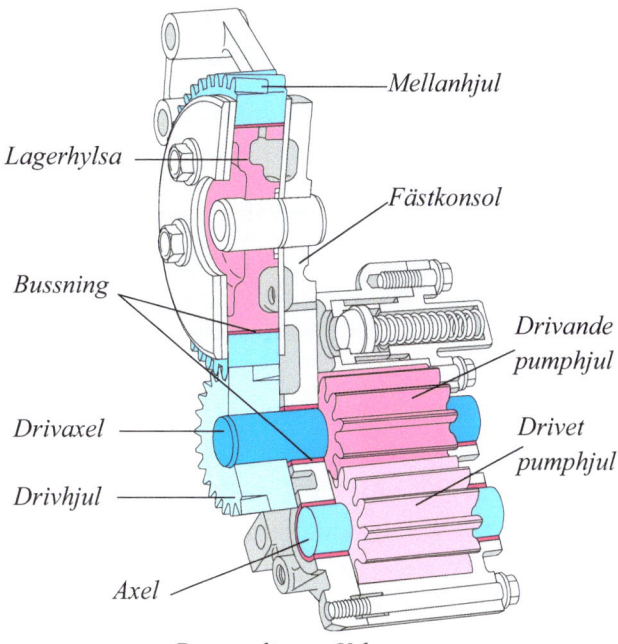

Den vanligaste Volvopumpen

Oljefiltret

En av smörjoljans uppgifter är att spola bort föroreningar från motorns smörjställen och lagerytor. Oljan blir förorenad och måste renas innan den går in till smörjställena på nytt.
Silen på oljepumpens sugsida kan inte ensam klara av den uppgiften, utan motorn måste dessutom ha oljefilter på trycksidan.
Filtret kan vara inkopplat på olika sätt. Man skiljer mellan **delflödesfilter** och **fullflödesfilter**.

■ Delflödesfiltret är inkopplat så att bara en liten del av oljan pressas genom filtret. Det brukar vara 15–20% som blir renad, resten går orenad till motorns smörjställen.

■ Volvos motorer har alltid fullflödesfilter, hela oljemängden från oljepumpen tvingas igenom filtret eller filtren.
En överströmningsventil finns alltid och du vet vilken uppgift den ventilen har.
By-passfiltret är inkopplat som ett delflödesfilter.

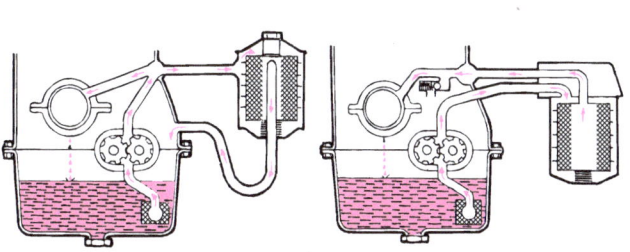

Delflödesfilter *Fullflödesfilter*

47

HUR DIESELMOTORN ÄR BYGGD

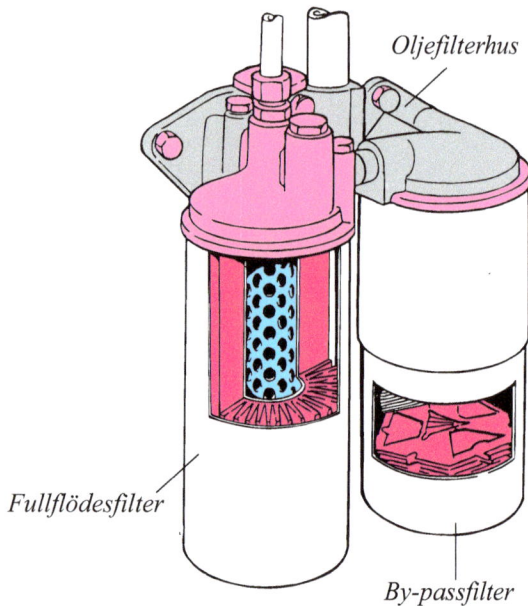

Oljefilterhus
Fullflödesfilter
By-passfilter

På det här oljefilterhuset till en 7-litersmotor, sitter ett fullflödesfilter och ett by-passfilter.
I filterhuset finns också en del av ventilerna som reglerar oljeflödet. Jämför med bild på sidan 45.

Båda filtren är av spin-on typ som skruvas fast på nipplar i filterhuset. Tätningen mot filterhuset är gummiringar som sitter på filtren.
Oljefiltren till Volvos motorer testas på flera sätt.

I ett test ska filtret klara av ett tryck på 10 bar utan att läcka.
Ett annat test är sprängtestet då filtret utsätts för oljetryck till det sprängs eller packningen börjar läcka. Volvos originalfilter ska klara av 16 bar.
I ett utmattningsprov får trycket i filtret stiga 75 000 gånger från 0 till 8 bar. Filtret får inte läcka under det provet.

Oljan strömmar genom filterinsatsen i filtret och där fastnar föroreningarna som oljan tar med sig när den cirkulerar i motorn.

Filterinsatserna i Volvos motorer är tillverkade av filterpapper, en kvalitet för fullflödesfiltren och en annan kvalitet för by-passfiltren.

■ Fullflödesfiltret har en filterinsats som filtrerar bort partiklar ned till 10–20 tusendels millimeter (10–20 μm).

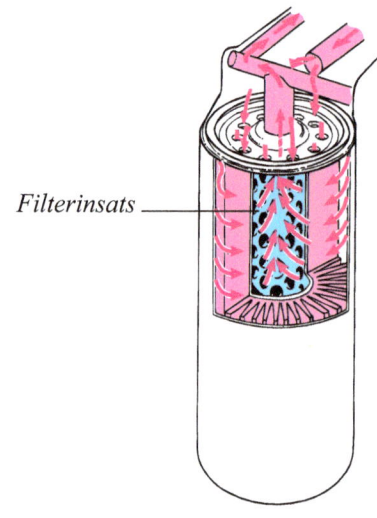

Filterinsats

■ By-passfiltret klarar av partiklar ända ned till 5 μm. Det har med papperskvaliteten att göra, men också med att oljan strömmar långsamt genom det filtret. Oljeflödet är ca 5 liter/minut, så det tar inte många minuter innan hela oljemängden i sumpen är finfiltrerad.

Oljefilterbyte

Oljefiltren har en mycket stor betydelse för motorns livslängd.
Volvos oljefilter är gjorda så att föroreningar inte ska komma in i motorn och förstöra lager och andra delar.

MISSKÖTTA OCH IGENSATTA OLJEFILTER GÖR INGEN NYTTA!

Filtren **måste** bytas efter det antal driftstimmar som Volvo anger. I skötselanvisningarna på sidorna 68 och 69 kan du se hur ofta filtren ska bytas.

HUR DIESELMOTORN ÄR BYGGD

Prov 5.

Oljekylaren

Oljan tar hand om 10–15% av värmen som ska ledas bort från motorns inre.
När motorn går hårt belastad kan oljetemperaturen stiga till ca 130°C och oljan ska kylas ned till ca 100°C när den strömmar genom oljekylaren.

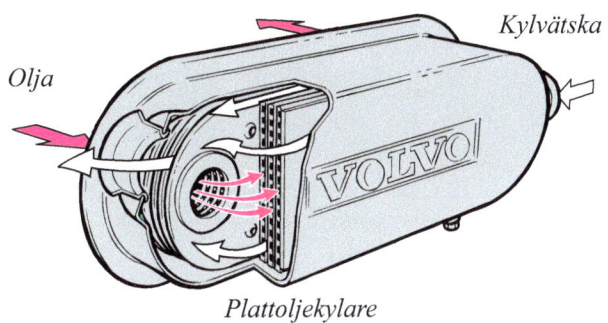

Plattoljekylare

Plattoljekylaren är den vanligaste kylartypen. Den är uppbyggd av ett stort antal plåtar så att den värmeavgivande ytan blir tillräckligt stor. Det är stora värmemängder som ska ledas över från oljan till kylvätskan som strömmar igenom oljekylaren.

Oljesumpen

Oljesumpen är tillverkad av stålplåt. En del Volvomotorer har en oljesump av laminerad plåt. Det är ett sätt att minska ljudet från motorn.

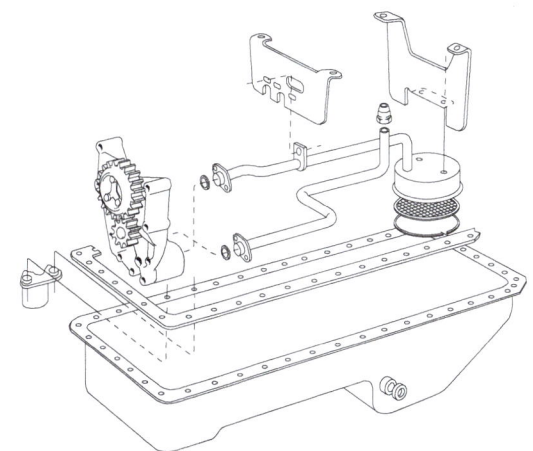

Utförande för framflyttad framaxel

Fastsättningen på cylinderblocket är gjord med en tjock tätningslist så att sumpen inte kommer i direkt kontakt med blocket. Oljesumpen blir isolerad och motorn får en ännu tystare gång.

Oljesumpens form har med olika fordonstyper att göra.
Den djupa delen av sumpen kan därför vara antingen framtill eller baktill, det för också med sig att ledningarna till och från oljepumpen måste vara olika.

En del tunga fordon går i svår terräng och fordonets lutningsvinkel blir kraftig. Det gör att oljesumpen måste ha stort djup över hela längden. I en del fall fordras också en speciell oljepump.

Om motorn ska vara placerad liggande (horisontellt) t ex under ett bussgolv, måste det bli en annan lösning på oljeförvaringen.
Då förvaras oljan i en separat smörjoljetank och oljesumpen, torrsumpen, har bara en liten volym. Oljepumpen suger oljan från smörjoljetanken och en särskild pump pumpar över returoljan från torrsumpen till smörjoljetanken.

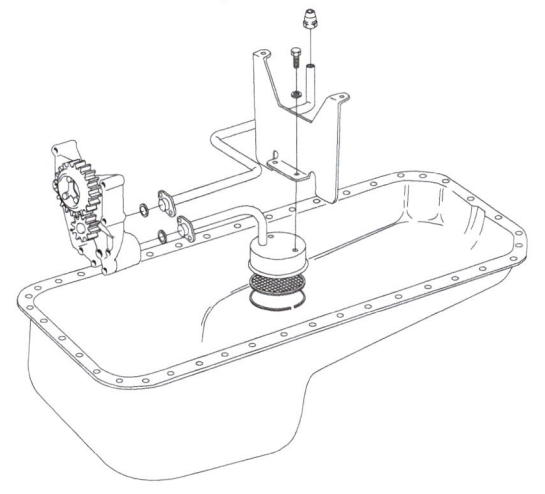

Normalt utförande

HUR DIESELMOTORN ÄR BYGGD

Kylsystemet

I sankeydiagrammet på sidan 13, kan du se att en stor del av energin som motorn tillförs, blir värme och måste kylas bort.
Motordelarna kyls på olika sätt. 10–15% av värmen leds bort av smörjoljan och en del av värmen strålar ut från motorns utsida.
Den allra största delen av värmen, 20–30%, tar kylsystemet hand om.

Det handlar alltså om att transportera stora värmemängder från cylinderblocket och cylinderhuvudena.

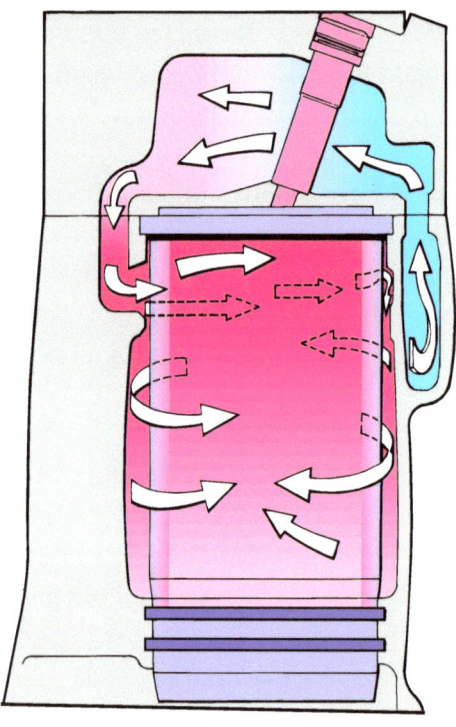

Kylmanteln i cylinderblock och cylinderhuvud.

■ Kylmanteln omkring de heta ställena är utformad så att temperaturbalansen i motorn blir rätt. Dvs så att alla cylindrarna och förbränningsrummen får samma temperatur. Det är nödvändigt för att förbränningarna ska bli så effektiva och rena som möjligt.

■ Kylsystemet ska se till så att motorn har den rätta driftstemperaturen vid alla tänkbara omgivningstemperaturer och vid stor eller liten belastning på motorn.

■ Strömningsmotståndet i systemet ska vara lågt så att kylvätskepumpen inte behöver arbeta onödigt hårt.

I äldre motorer var kylsystemet utfört enligt **termosifonprincipen**. Det innebär att kylvätskan i systemet cirkulerar därför att den uppvärmda vätskan stiger och den avkylda vätskan sjunker.
I alla moderna motorer används **pumpcirkulation**.
En kylvätskepump håller igång cirkulationen och kylningen blir effektivare. Det gör att kylmanteln, ledningarna och kylaren kan ha mindre areor och kylvätskevolymen behöver inte vara så stor. Det i sin tur gör att cylinderblock, cylinderhuvud, kylare etc blir lättare.

Kylvätskan

När yttertemperaturen är under 0°C ska kylvätskan bestå av vatten och frostskyddsvätska. En blandning med 40% frostskyddsvätska ger frostskydd ned till –25°C.
Volvos frostskyddsvätska innehåller glykol (etylenglykol) men också kemikalier som skyddar mot korrosion i motorn.

På marknader där yttertemperaturen aldrig blir under 0°C behövs ingen frostskyddsvätska, men korrosionsskyddet är nödvändigt för att motorn inte ska skadas.
Man blandar 1 liter Volvo korrosionstillsats med 30 liter vatten (1:30).
De här blandningarna kallar vi **kylvätska**. Att kalla blandningarna för vatten, är inte rätt.

HUR DIESELMOTORN ÄR BYGGD

Inre och yttre kretsen

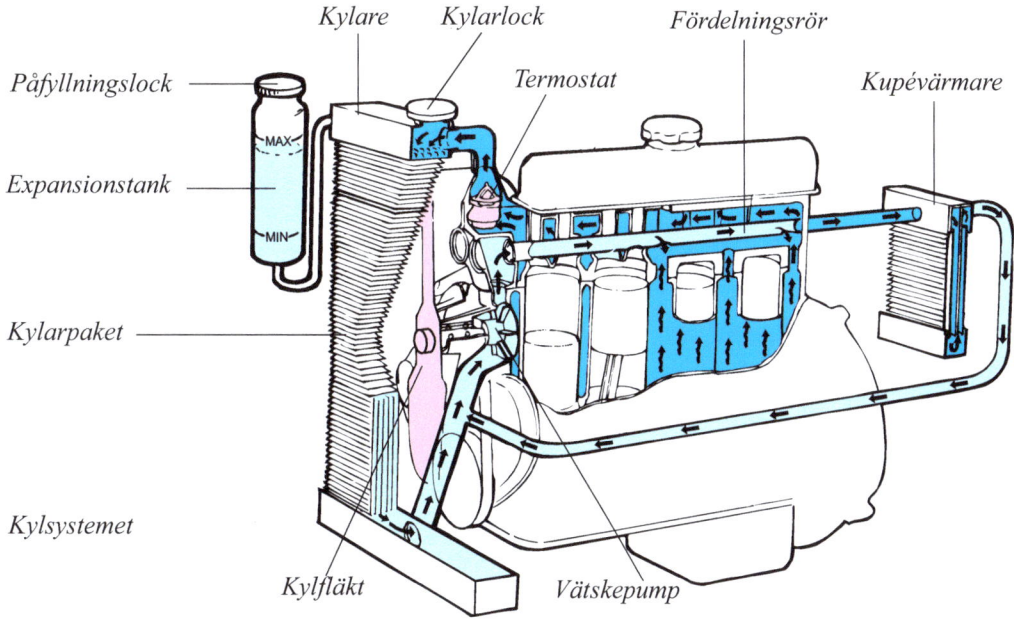

■ Alla kylsystem är uppbyggda av en **inre krets** och en **yttre krets**. Vi kan titta på det här ganska enkla systemet.

■ Den inre kretsen omfattar motorn och kupévärmaren. Under uppvärmningen av motorn och vid kall väderlek, cirkulerar vätskan bara i inre kretsen. Kylvätskepumpen sköter om att cirkulationen i motorn blir effektiv.

Termostaten är en ventil som påverkas av värme. Den håller stängt i ledningen upp till kylaren innan motorn har blivit uppvärmd. Detta medför att motorn snabbt kommer upp i driftstemperatur. Samtidigt värms kupéutrymmet snabbare.

■ Vid en viss temperatur börjar termostaten att öppna och den är fullt öppen när motorn har kommit upp i driftstemperatur. Då är den yttre kretsen inkopplad.
Kylvätskepumpen pressar upp vätskan i kylarens övre behållare ned genom kylarpaketet och till den nedre behållaren. Kylvätskans temperatur sjunker omkring 10°C på vägen genom kylarpaketet och värmen leds av till den omgivande luften.
Den svalare vätskan leds in i motorn för att ta upp mera värme. Vätsketemperaturen stiger några grader i motorn. Vätskan pressas åter upp i kylaren och svalnar på vägen genom kylarpaketet, leds in i motorn igen osv.

Fördelningsröret har uppgiften att leda den avkylda vätskan till de varmaste delarna av motorn. Röret är också utformat så att avkylningen blir så jämn som möjligt. Det ska inte bli några hetare eller svalare ställen i motorn.

Kylfläkten ökar luftströmmen genom kylaren. Det är nödvändigt när bilen körs med låg hastighet, eller står stilla med motorn igång när yttertemperaturen är hög.

Expansionstanken är ansluten till kylaren. Där finns plats för kylvätskan att expandera när den värms upp. När vätskan svalnar och volymen minskar, strömmar vätskan tillbaka till kylaren. På det sättet hålls kylsystemet alltid fyllt och luft kan inte komma in i systemet. Det minskar risken för korrosion i systemet.

Påfyllningslocket är gjort så att det ger ett visst övertryck i systemet. Då kan driftstemperaturen vara högre än 100°C utan risk för kokning.

HUR DIESELMOTORN ÄR BYGGD

Det här kylsystemet till en 7-litersmotor arbetar på samma sätt som föregående. Systemet är naturligtvis beräknat för de större värmemängder som ska ledas av från den större motorn.

Några skillnader mot det föregående systemet:

■ Kylvätskepumpen drivs genom kugghjul från transmissionen.

■ Kylvätskan pumpas in i en längsgående kanal i cylinderblocket och leds till cylinderfodren genom hål och munstycken i cylinderblocket.

■ Vätskan strömmar vidare upp till de båda cylinderhuvudena och leds tillbaka till termostathuset. Från det främre cylinderhuvudet direkt till termostathuset och från det bakre genom ett fördelarrör som sitter på motorns utsida.

■ Kylvätskan från cylinderblocket leds också tillbaka till termostathuset genom oljekylaren.

■ Kompressorn för tryckluft kyls av kylvätskan.

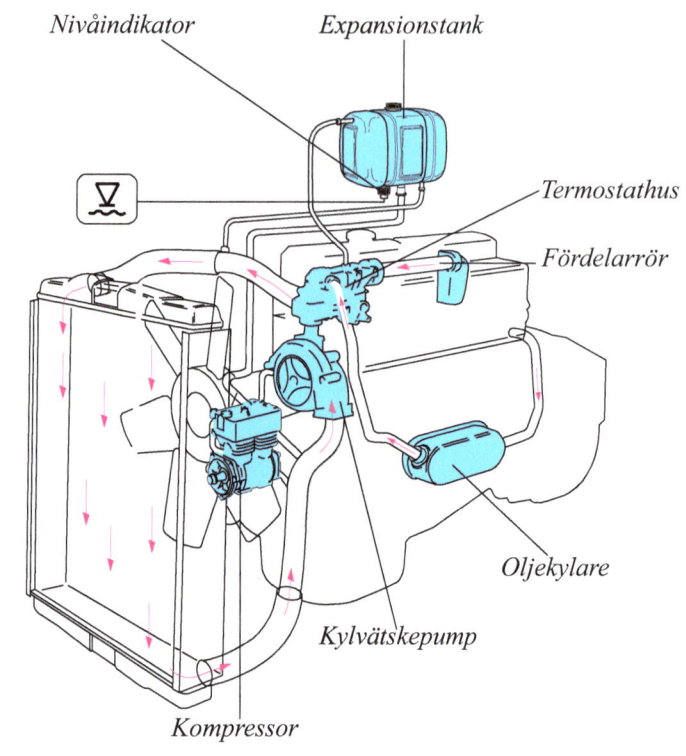

Termostaten

Alla Volvos dieselmotorer har kolvtermostater. Det är en termostattyp som kan släppa fram stora mängder kylvätska utan att bromsa vätskeströmmen särskilt mycket (med andra ord: blir tryckfallet lågt genom termostaten).

Kolvtermostaten har en känselkropp som känner av temperaturen på kylvätskan.
I känselkroppen finns ett temperaturkänsligt vax. När vaxet smälter ökar det i volym och trycker ut tryckstången.
På tryckstången sitter kolven som följer med i rörelsen. Termostaten öppnar.

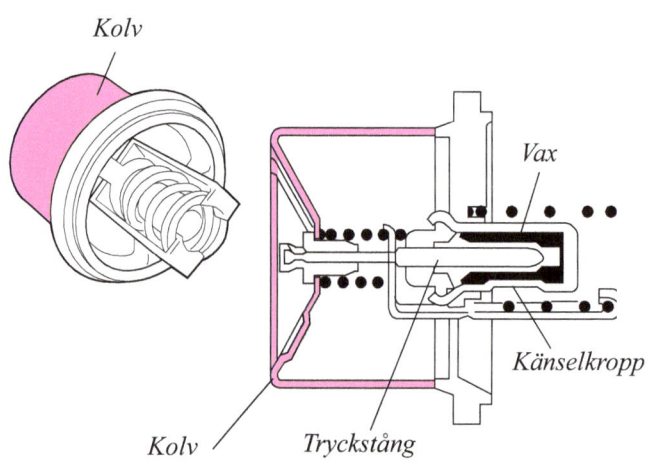

HUR DIESELMOTORN ÄR BYGGD

Så här styr termostaten kylvätskeströmmen genom termostathuset:

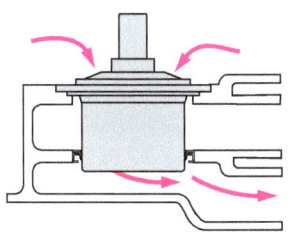
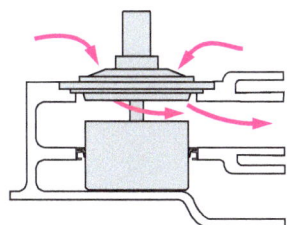

Stängd.
Kylvätskan kan bara strömma genom det nedre röret.

Öppen.
Vätskan kan bara strömma genom det övre röret.

Kolven kan inta vilket läge som helst mellan fullt stängd och fullt öppen. Kylvätskans temperatur avgör vilket läge som är det bästa för tillfället.

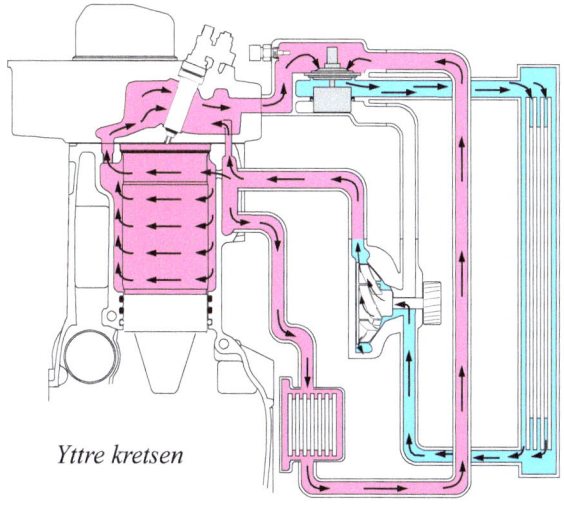

Yttre kretsen

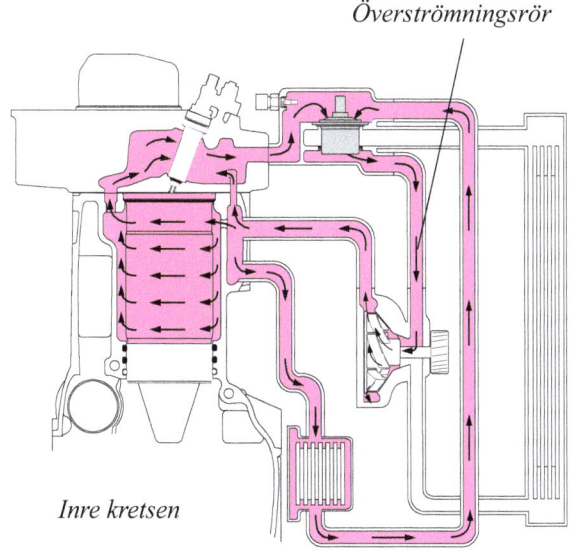

Överströmningsrör

Inre kretsen

■ Yttre kretsen
Under uppvärmningsperioden stiger kylvätskans temperatur och känselkroppen i termostaten känner det.
När temperaturen stigit till ca 80°C börjar termostaten att öppna. Då minskar vätskeströmmen ned genom överströmningsröret och vätskeströmmen ut till kylaren ökar.
Termostaten reglerar vätskeflödet så att motorn får den bästa arbetstemperaturen, ca 85°C.
Om motorn belastas hårdare stiger temperaturen och termostaten öppnas mer, och då ökar strömningen ut till kylaren.
Tvärtom ifall belastningen och temperaturen är lägre.

■ Här är inre kretsen öppen.
Termostaten styr vätskan från de varma delarna, direkt till kylvätskepumpen.
Vätskan strömmar ned genom överströmningsröret och kylaren är inte med i cirkulationen. Motorn kommer snabbt upp i arbetstemperatur.
(På bilden på förra sidan kan du se överströmningsröret, ett kort rör mellan termostathuset och pumpen).

HUR DIESELMOTORN ÄR BYGGD

Det här kylsystemet till 16-litersmotorn är ritat på ett annat sätt. Du känner säkert igen det mesta.

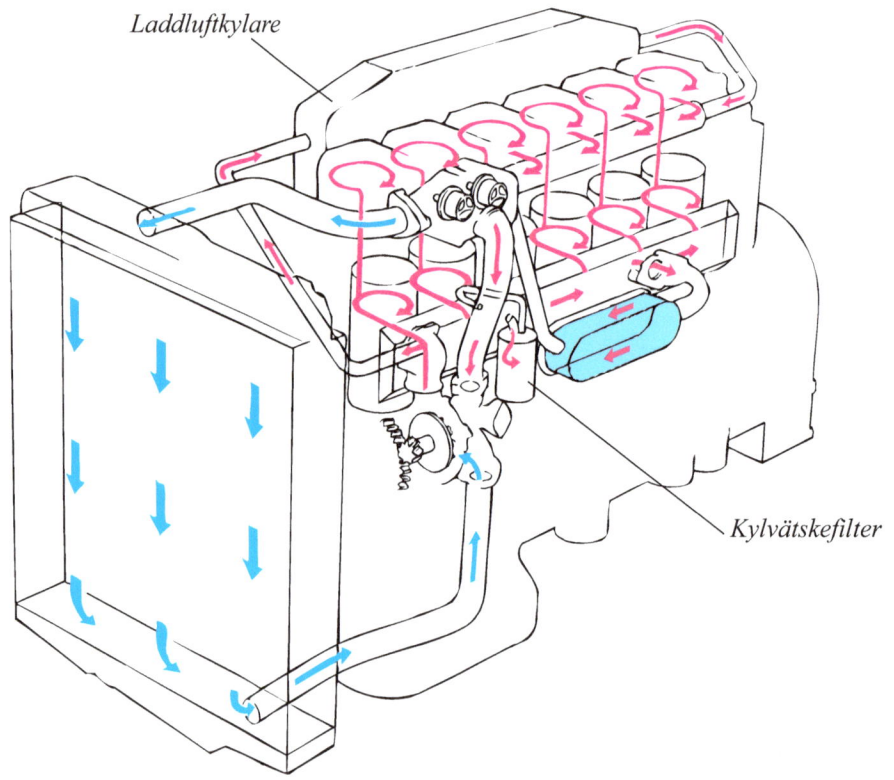

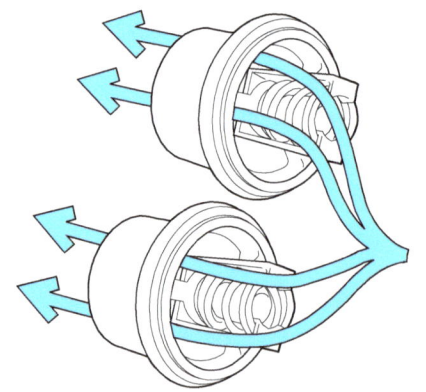

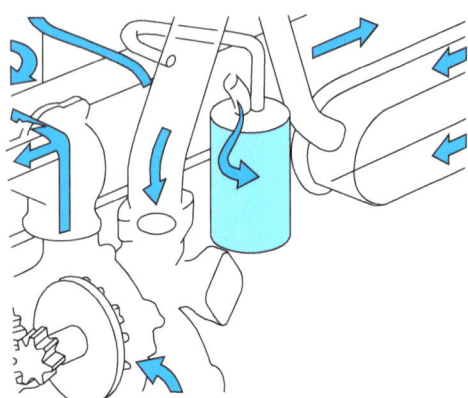

Några skillnader mot det förra systemet:

■ Systemet har två termostater. Eftersom stora vätskemängder strömmar i den här motorn och därför behövs två parallellkopplade termostater.

■ Det finns ett kylvätskefilter i systemet. Filtret är av papperstyp och tar bort föroreningar som annars kan skada tätningar och sätta igen kylaren.
Dessutom innehåller filtret korrosionsskydd. Det gör att man bara behöver byta kylvätskan vartannat år. Jämför med skötselschemorna på sidorna 68 och 69.

■ Laddluftkylaren är av typen vatten – luft på den här motorn, och kylningen av laddluften sker med kylvätskan. Mer om det på sidan 61.

HUR DIESELMOTORN ÄR BYGGD

Kylvätskepumpen

Kylvätskepumpen är alltid en centrifugalpump. Den pumptypen har hög kapacitet (kan pumpa stora mängder vätska) vid låga tryck. Vilket behövs i ett kylsystem.

Pumpen har ett skovelhjul som drivs av pumpaxeln. Vätskan kommer in vid skovelhjulets centrum. Centrifugalkraften gör att vätskan pressas ut mot pumphuset där pumpens utlopp sitter.

Pumpen drivs

■ av kilremmar från en remskiva på vevaxeln.

■ av kugghjul från transmissionen som i Volvos dieselmotorer.

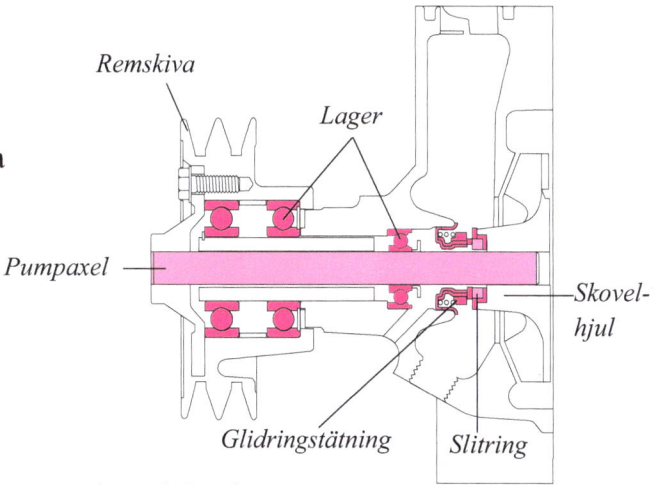

Remdriven kylvätskepump

Tätningen av pumpaxeln är ett svårt problem.
I Volvos kylvätskepumpar används glidringstätningen. Den klarar tätningskravet och har lång livslängd.
Glidringstätningen är fjädrande och finns i olika utföranden.
I ett tidigare utförande, som i bilden här bredvid, fjädrar tätningen ut mot en slitring av keramik. Den är infälld i skovelhjulet.

Pumpen i bilden nedanför, har en glidringstätning med slitringen i tätningen. Den tätningen tätar mot pumpaxeln.
Tätningen mot olja från transmissionen är en radialtätningsring (gummiläpptätning). Kylvätska och olja som eventuellt tar sig förbi tätningarna, sipprar ut genom kanalen L.

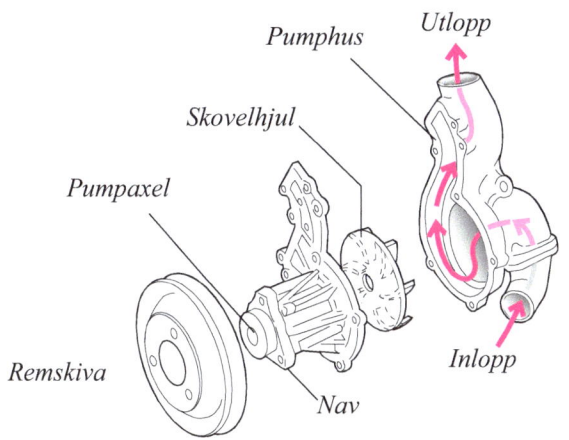

Kylvätskepumpen – en centrifugalpump

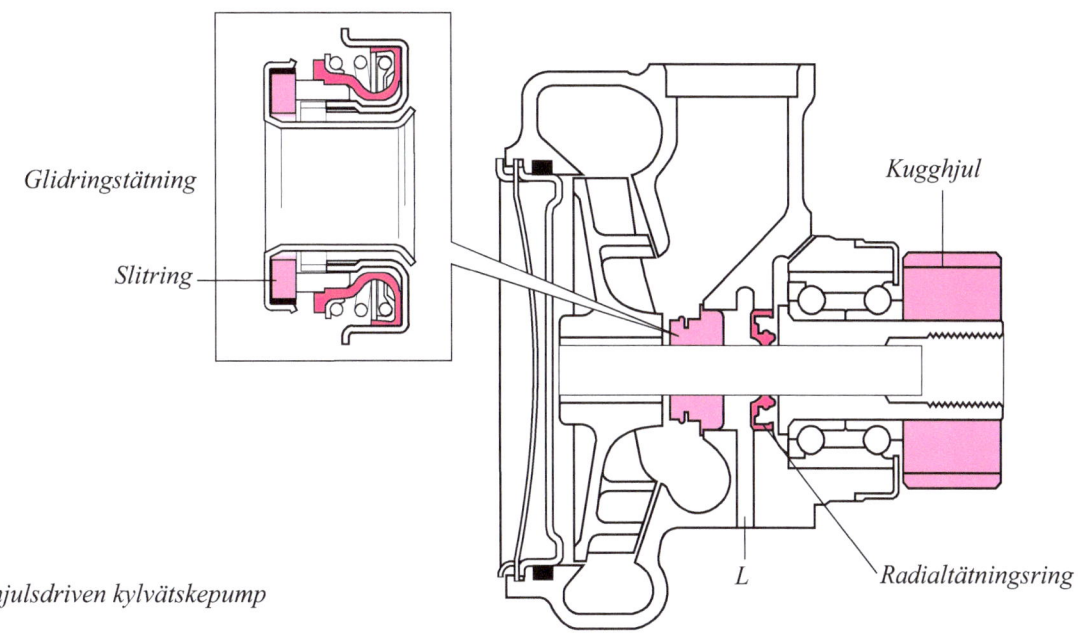

Kugghjulsdriven kylvätskepump

55

HUR DIESELMOTORN ÄR BYGGD   Prov 6.

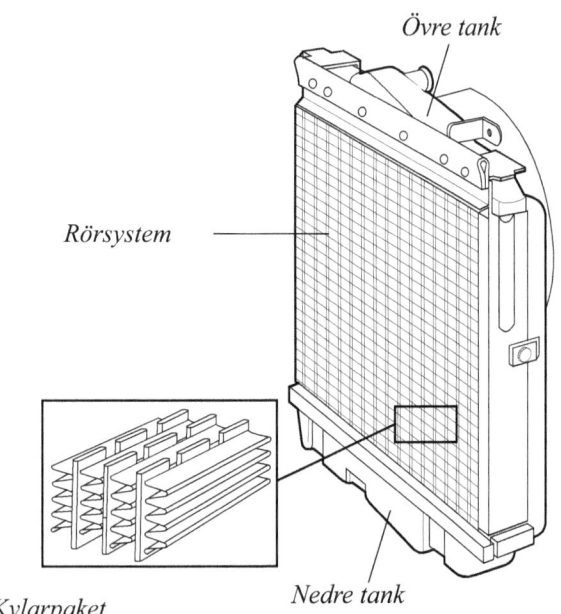

Övre tank
Rörsystem
Kylarpaket
Nedre tank

Kylaren

Kylaren är en värmeväxlare där värmen överförs från kylaren till den omgivande luften.

Koppar och mässing är det vanligaste materialet i kylare. Men pga att aluminium är billigare än koppar är det troligt att framtidens kylare tillverkas av aluminium.

Kylaren är uppbyggd av två behållare och mellan behållarna sitter kylarpaketet.
Kylarpaketet är gjort av ett stort antal rör som för det mesta är ordnade i två rader.
Rörsystemet har tunna plåtlameller som ökar kontaktytan mot luften.

Kylfläkten i fordon

Ibland räcker fartvinden inte till för att ge tillräcklig luftström genom kylaren. Därför måste det finnas en kylfläkt som ökar luftströmmen vid de här tillfällena:

■ När fordonet går med låg hastighet eller står stilla med motorn igång.

■ När motorn går hårt belastad och särskilt mycket värme ska kylas bort.

■ När den omgivande luften är varm och kyler dåligt.
Vid andra tillfällen skulle det vara en fördel om fläkten inte arbetade alls. Den tar nämligen stor effekt från motorn för sin drivning. Gäller det fläkten till en stor motor, rör det sig om över 10 kW (14hk).
Här ser du ett problem. Ibland ska fläkten ge full luftström och ibland ingen alls. Det finns många sätt att lösa det problemet.

Volvo har valt en **termostatreglerad kylfläkt**.
Den har en vätskekoppling som känner av temperaturen på luften som har strömmat genom kylaren.

Kylfläkten arbetar så här:

■ När temperaturen är låg drivs fläkten långsamt, ca 25% av fullt varvtal.

■ Vid ca 60°C och högre temperaturer, drivs fläkten med ett varvtal som är ca 95% av fullt varvtal. 5% är slirning i vätskekopplingen.

Den här fläkten minskar motorns bränsleförbrukning genom att den bara tar liten effekt från motorn när fläkten går med lågt varvtal.
En annan fördel är att: Bullret från fläkten minskar när fläktvarvtalet är lågt.

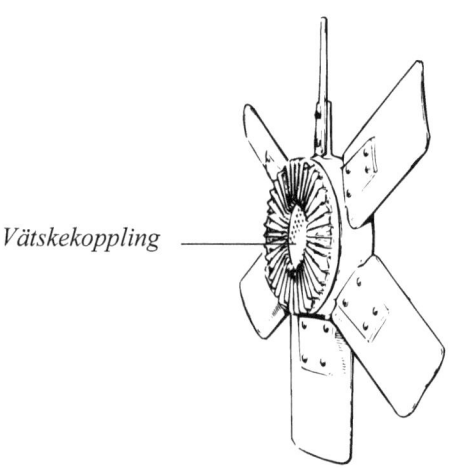

Vätskekoppling

Kylfläkten i industrimotorer

De här motorerna har fasta fläktar som antingen är tryckande eller sugande. Att fläkten är tryckande betyder att den ger en luftström bakifrån motorn och ut genom kylaren. I ett generator-aggregat kyler den luftströmmen både
generatorn och motorn.
De fasta fläktarna är anpassade till en omgivningstemperatur på + 50°C

HUR DIESELMOTORN ÄR BYGGD

Inlopps- och avgassystem

Inloppssystemet på en dieselmotor är helt skilt från bränslesystemet. Här har du en stor skillnad mellan bensinmotorn och dieselmotorn. Bensinmotorn har bränslesystemet anslutet till inloppssystemet och motorn får in en blandning av bränsle och luft.

■ Dieselmotorn tar in ren luft genom inloppssystemet och bränslet kommer från ett avskilt bränslesystem.

■ Inloppsröret är gjutet i aluminium. Ett par utföranden ser du på bilderna bredvid.
I inloppssystemet finns olika delar: luftrenare, turbo, laddluftkylare. Delarna har olika placeringar i olika motorer och delarna blir därför olika för motortyperna.
Gemensamt är att motståndet för luften blir så litet som möjligt. Stora genomströmningsareor, alltså.

■ Avgasgrenröret är utsatt för stora värmepåkänningar. Volvos motorer har rör som är tillverkade av ett värmetåligt material med hög nickelhalt. Avgasgrenröret hos de större motorerna är delat. Delningen är tätad med tätningsringar eller med ett speciellt tätningsmedel.
I de mindre motorerna är röret gjutet i ett stycke.

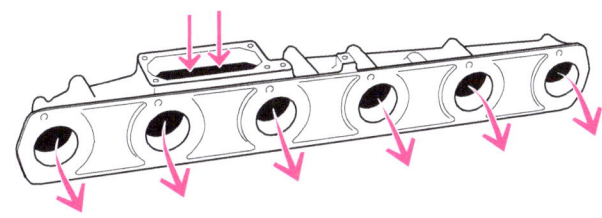
Inloppsrör

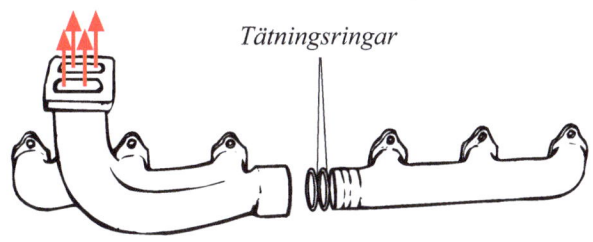
Avgasgrenrör

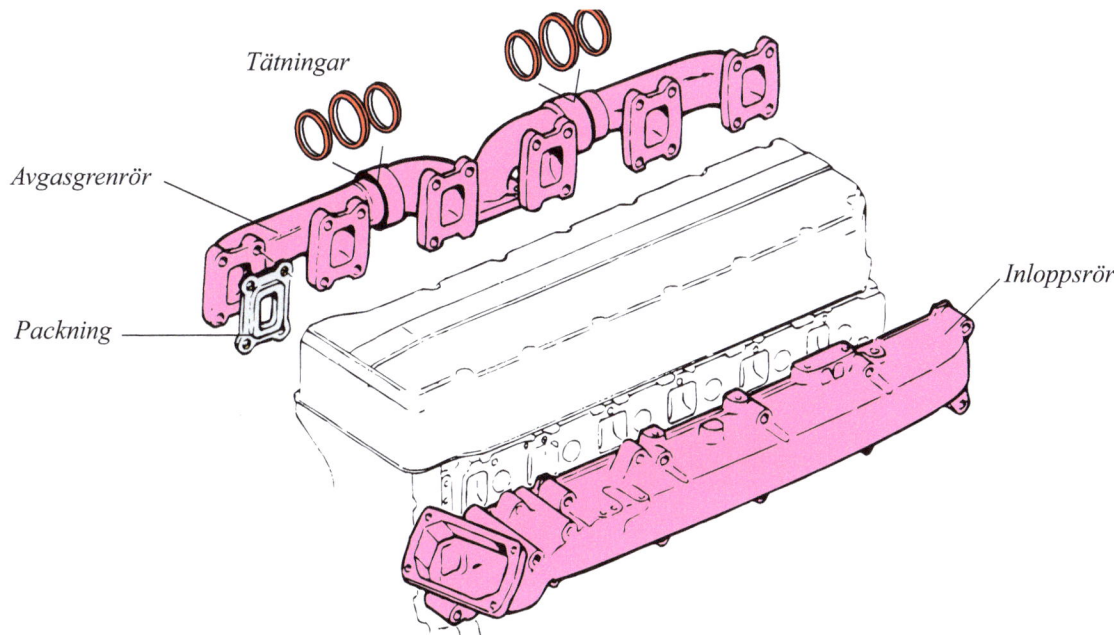

Grenröret är anslutet direkt till avgasrör och ljuddämpare om motorn är en sugmotor. Alla Volvos motorer är överladdade med turbokompressor. Hur den är inkopplad ser du på sidan 60.

HUR DIESELMOTORN ÄR BYGGD

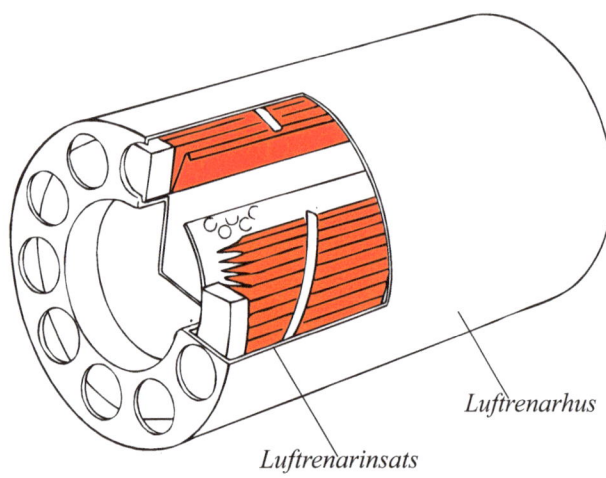

Luftrenarhus
Luftrenarinsats

Tätningen

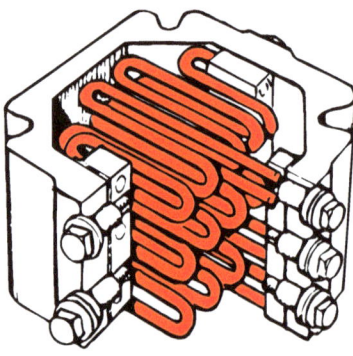

Startelement

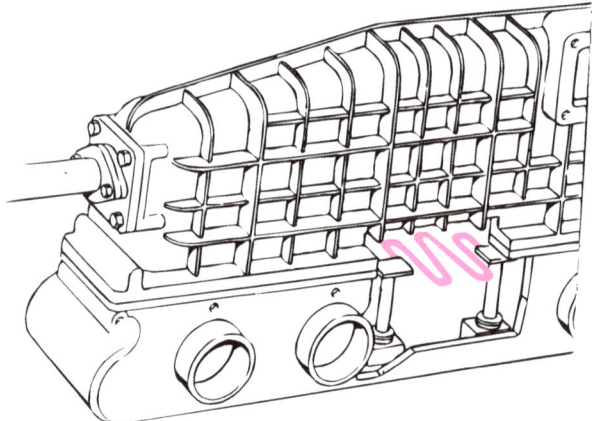

Luftfilter

Motorns driftsäkerhet beror i hög grad på att motorn är ren inuti. Du har redan sett att oljan som ska in i motorn, först renas i ett filter.
Lika viktigt är det att luften till motorn är fri från föroreningar.

■ Det är stora mängder luft som ska renas, ca 20 kubikmeter luft per minut för de stora motorerna.

■ Filtret måste ha stor genomströmningsyta så att det inte hindrar luftströmmen. Filterytan i ett stort filter är mer än 10 kvadratmeter.

■ Pappersfilter är mycket effektiva och används till alla Volvodieslarna.
Luftrenarinsatsen består av veckat filterpapper som skyddas av ett nätgaller.
Insatsen sitter i ett luftrenarhus och kraftiga tätningar finns i insatsens ändar. Tätningarna gör att luften strömmar på rätt sätt genom insatsen.

■ Om motorn ska arbeta under särskilt svåra förhållande, t ex i ökenklimat, använder man en cyklonrenare som förfilter. I den sätts luften i rotation så att dammpartiklarna skiljs ifrån.

Startelement

Flera motortyper har ett startelement i inloppsröret. Det har uppgiften att värma luften i inloppsröret när motorn startas.
Den varma luften underlättar starten av motorn och minskar rökutvecklingen när motorn kallstartas.
Startelementet är elektriskt uppvärmt och består av två eller tre trådelement som luften strömmar förbi.

Här bredvid är startelementet inbyggt i en vattenkyld laddluftkylare.

HUR DIESELMOTORN ÄR BYGGD

Överladdning

Överladdning av en motor innebär att en kompressor pressar in mer luft i cylindrarna än vad motorns egna kolvar kan suga in.

Dieselmotorer är som regel överladdade med en **turbokompressor**, den kallas **turbo** för enkelhetens skull. Turbon är en bra kompressor på många sätt, bland annat för att den inte stjäl någon effekt från motorn för att drivas. Den drivs av avgasströmmen från motorn.

En motor med turbo kallas naturligtvis **turbomotor**. Om den inte har turbo kallas den **sugmotor**.

De flesta Volvodieslarna är turbomotorer. Volvo började serietillverkning av turbomotorer redan 1954, först i världen! Lastbilarna som hade de första turbomotorerna kallades Titan och de blev en sensation på europas vägar. De var ovanligt starka och pigga och körde om det mesta i de långa uppförsbackarna.

Och det är motorns effekt det handlar om när man överladdar. Pressar man in mera luft (egentligen syre) i cylindrarna kan större bränslemängd förbrännas och det betyder ökad effekt. Motorns effekt blir 40–50% högre än en likadan motor i sugmotorutförande.

Men överladdning med turbo ger flera fördelar:
■ Avgaserna blir renare. ■ Bränsleförbrukningen blir lägre. ■ Motorn blir tystare genom att turbon dämpar ljudet både på inlopps- och avgassidan.

Turbon

När avgaserna strömmar genom turbinhuset på sin väg ut i avgassystemet, kommer turbinhjulet att rotera.

På samma axel som turbinhjulet sitter kompressorhjulet. Det är placerat i kompressorhuset som är anslutet mellan luftrenaren och motorns inloppsrör.

När kompressorhjulet roterar sugs luft in från luftrenaren, luften komprimeras av kompressorhjulet och pressas in i motorns cylindrar.

Kompressorn ger ett visst laddningstryck, ca 100 kPa (1 bar) när turbon har kommit upp i ett varvtal på 1250–1670 varv per sekund (75000–100000 varv per minut).
Turbovarvtalen är på väg uppåt.

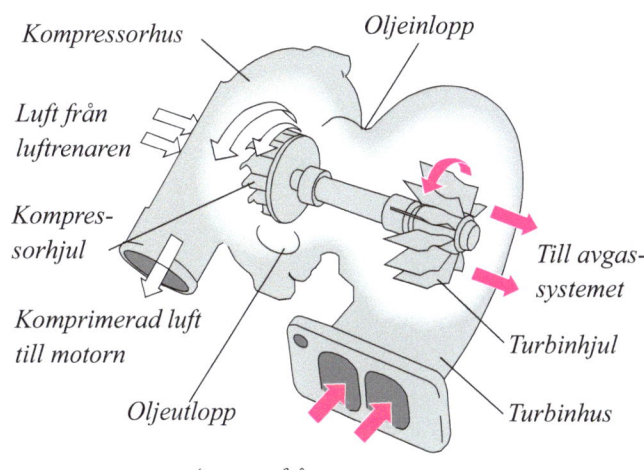

Avgaser från motorn

Höga varvtal på 2-200 varv per sekund (13-0000 varv per minut) förekommer. De höga varvtalen gör att turbon blir mindre och lättare.

Rotoraxeln är lagrad i glidlager. De höga varvtalen gör att turbon kräver perfekt smörjning. Du har redan läst om hur turbon smörjs.
Turbon smörjs och kyls av motoroljan. Oljan pressas in till lagringarna och smörjer axeln. Därefter strömmar oljan tillbaka till oljesumpen genom ett grovt rör.

■ Oljetillförseln är helt avgörande för turbons funktion. Den måste få stora mängder ren olja. Om det blir avbrott i oljetillförseln, blir turbon förstörd på mycket kort tid.

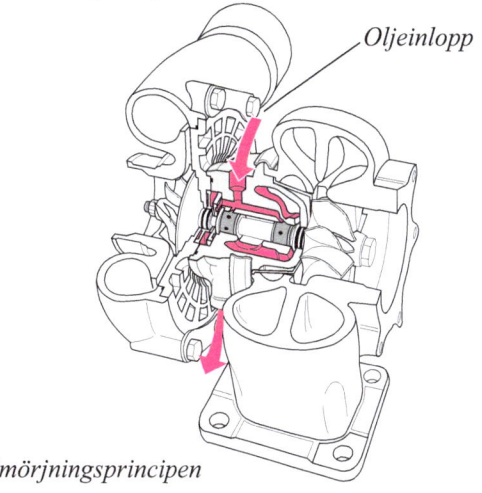

Smörjningsprincipen

HUR DIESELMOTORN ÄR BYGGD

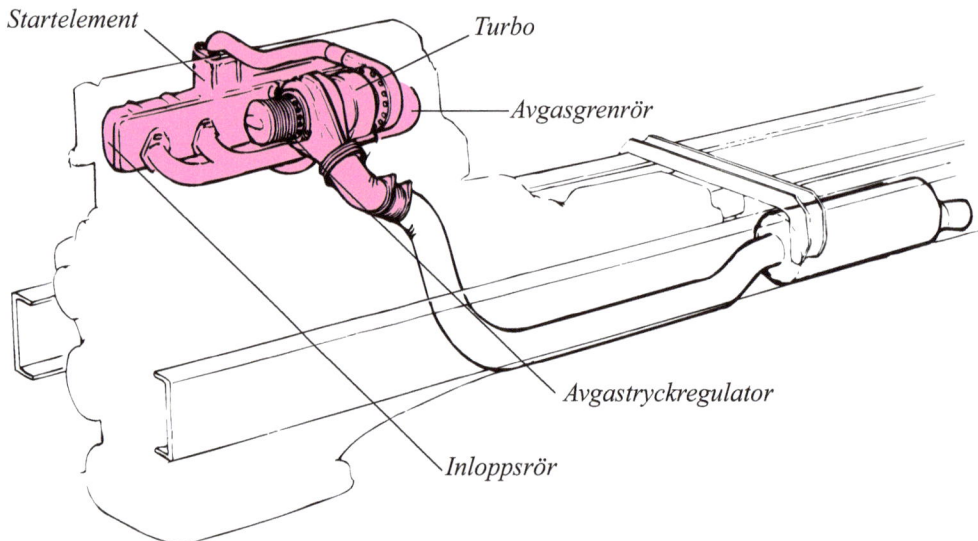

Bilden här visar ett inlopps- och avgasssystem med turbo. Systemet har ett startelement på inloppssidan. Du ser också att det finns en avgastryckregulator på avgassidan.

Avgastryckregulatorn har uppgiften att minska den vita eller blå avgasröken. Den röken blir det om förbränningstemperaturen
i cylindrarna är låg. Det händer:

■ när den driftsvarma motorn går på tomgång

■ under varmkörningsperioden och lågt belastad motor.

För att höja temperaturen och bli av med röken, kan man ordna en konstgjord belastning av motorn. Principen är att avgasutloppet stryps så att motorn får arbeta mot ett högre tryck på avgassidan.
Avgastryckregulatorn arbetar enligt den principen. Regulatorn sitter på turbons avgasutsläpp. Utloppet stryps av ett spjäll som stängs med hjälp av tryckluft. Spjället stängs av en fjäderbelastad kolv i en tryckluftscylinder.

Avgastryckregulatorn används också som tillsatsbroms i tunga fordon.

Laddluftkylning

Överladdningen med turbon gör att luftens temperatur ökar.
Om man kyler luften efter turbon, minskar luftens volym och mera luft (syre) kommer in i cylindrarna.

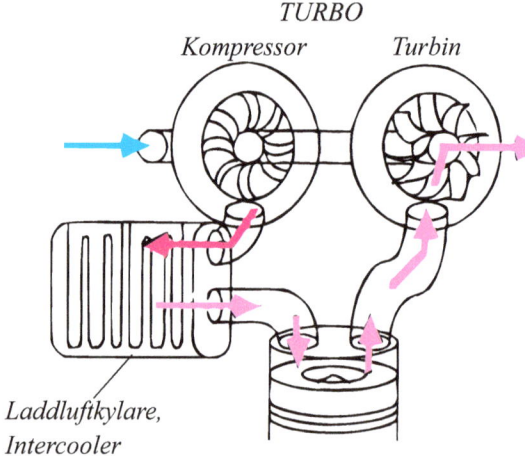

Principen för laddluftkylning

Den här nedkylningen kallas laddluftkylning.
Den gör att man kan mata in mera bränsle och det ger högre motoreffekt.
Dessutom ökar motorns livslängd genom att värmebelastningen på motorn blir mindre.

Det finns två typer av laddluftkylare:

■ Luft till luftkylning

■ Vätska till luftkylning.

HUR DIESELMOTORN ÄR BYGGD

Prov 7.

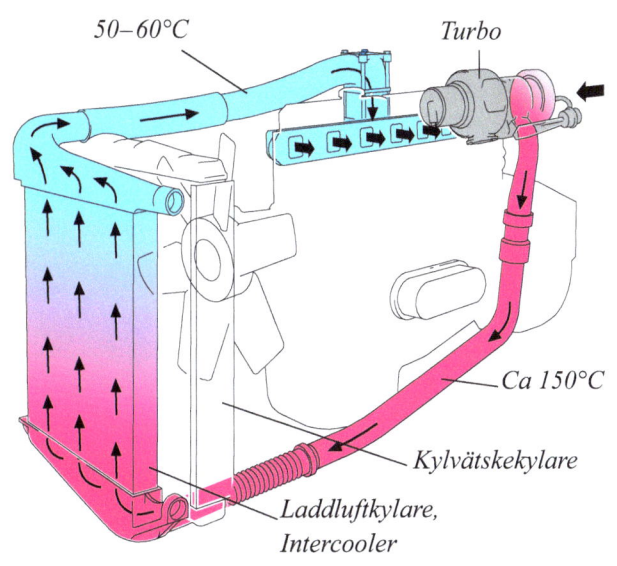

Luft till luftkylning

Det här är den vanligaste laddluftkylningen i fordon.

Laddluftkylaren (intercoolern) sänker lufttemperaturen med ungefär 100°C och det gör att motorns effekt ökar ca 10%. Motorns vridmoment blir också högre och bränsleförbrukningen blir lägre.
En dieselmotor som är överladdad och har laddluftkylning, har den bästa verkningsgraden av alla förbränningsmotorer.
Laddluftkylaren sitter framför kylvätskekylaren.

Vätska till luftkylning

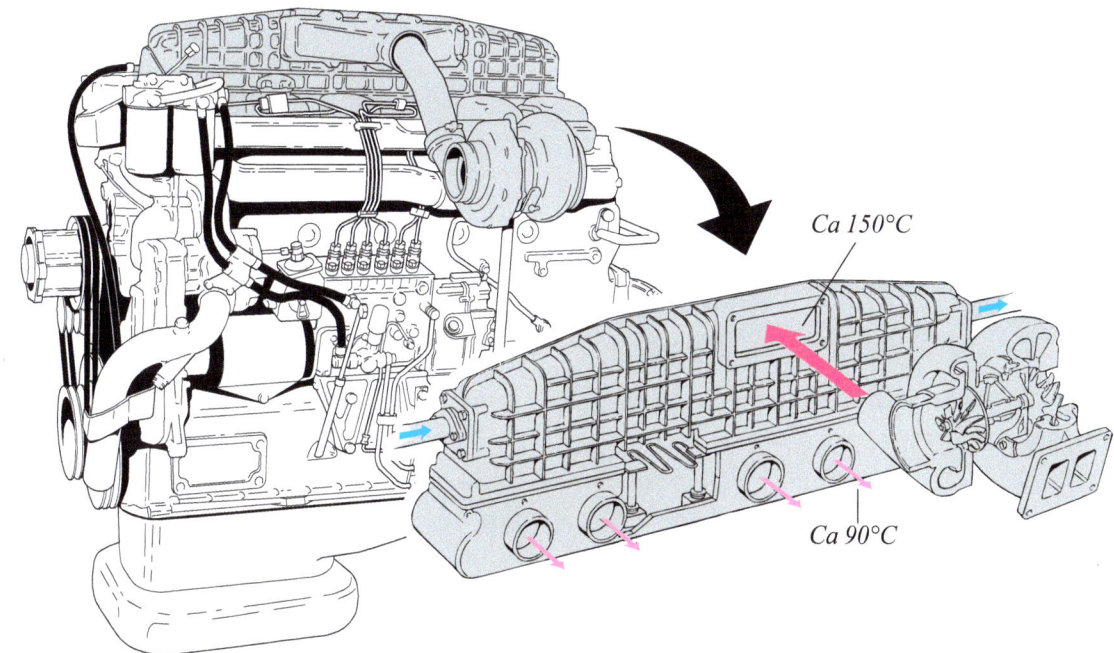

Laddluftkylning enligt den här principen finns i en del industrimotorer.
Laddluftkylaren är inkopplad i motorns kylsystem och kylvätskan strömmar igenom en kylare som är inbyggd i laddluftkylaren. Laddluften kyls när den strömmar förbi kylaren.
Eftersom laddluften kyls med kylvätskan kan den här laddluftkylaren inte kyla ned luften så mycket som luft till luftkylningen gör. Vanligt värde är nedkylning från ca 150°C till ca 90°C.

Inloppsröret är integrerat i laddluftkylaren till en enkel och driftsäker konstruktion som sitter direkt på motorn. Genom den korta luftvägen från turbon till inloppskanalerna, reagerar motorn mycket snabbt när belastningen på motorn ökar. Motorn får "snabb respons".

HUR DIESELMOTORN ÄR BYGGD

Insprutningsutrustningen

För att en dieselmotor ska arbeta felfritt, ge full effekt och ge renast möjliga avgaser, gäller det här:

en ③ till bränslefiltren ④. Det renade bränslet leds vidare genom ledningen ⑤ till insprutningspumpen ⑥. En överströmningsventil ⑦ sitter på insprutningspumpen. Den håller matartrycket på ett bestämt värde och i en returledning ⑧ går

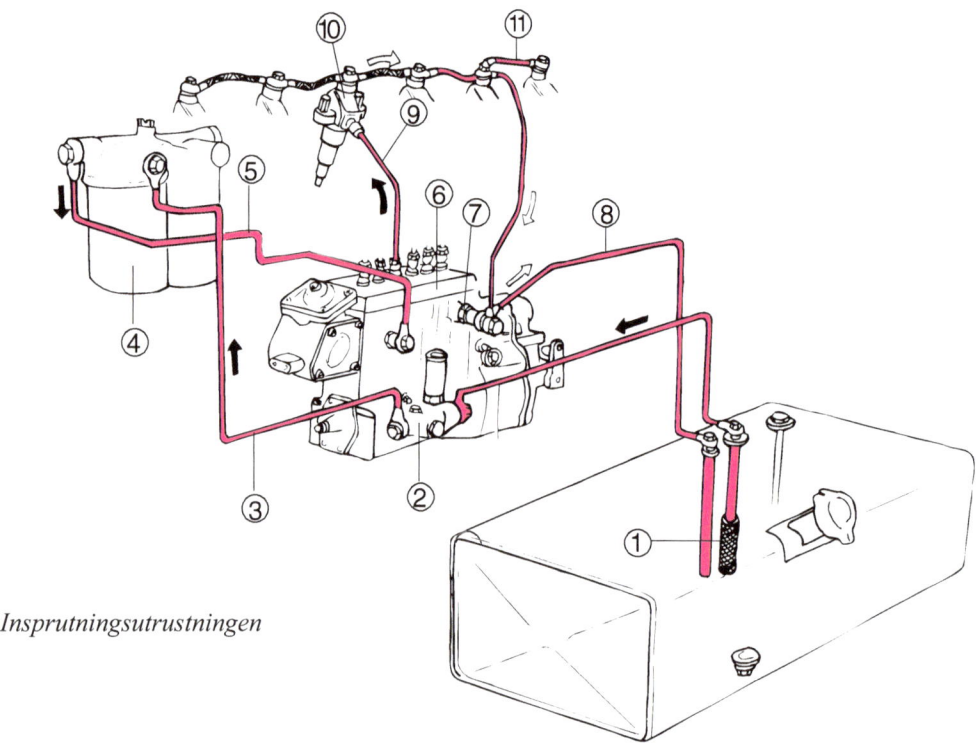

Insprutningsutrustningen

■ Rätt bränslemängd måste sprutas in. Motortillverkaren provar ut och fastställer hur många milligram bränsle som ska sprutas in vid olika varvtal och belastningar. Felaktiga bränslemängder ger störningar i förbränningen och motorns prestanda blir sämre på alla sätt.

■ Bränslet måste sprutas in vid rätt tidpunkt. Motortillverkaren anger exakt hur många grader före övre dödpunkt insprutningen ska börja. Tidigare eller senare insprutning försämrar förbränningen och motorns prestanda.
Insprutningens komponenter är tillverkade med mycket stor precision för att klara av sina uppgifter.

Bränsle sugs upp från tanken genom tankfiltret ① av matarpumpen ②. Med ett matartryck på 60–80 kPa (0,6–0,8 bar) pressas bränslet genom ledning-

returbränsle och eventuell luft tillbaka till tanken. Från insprutningspumpen leds bränslet med mycket högt tryck genom tryckrör ⑨ till insprutarna ⑩. Bränslet sprutas finfördelat in i förbränningsrummet.
En mycket liten mängd bränsle läcker förbi inuti insprutarna. Det läckbränslet leds tillbaka till tanken genom läckbränsleledningen ⑪.

Insprutningspumpen drivs från motorns transmission.
Pumpen smörjs på två sätt:
■ Delar som är i kontakt med bränslet både smörjs och kyls av bränslet.
■ Nedre delen där det bland annat finns en kamaxel smörjs med olja från motorns smörjsystem.

HUR DIESELMOTORN ÄR BYGGD

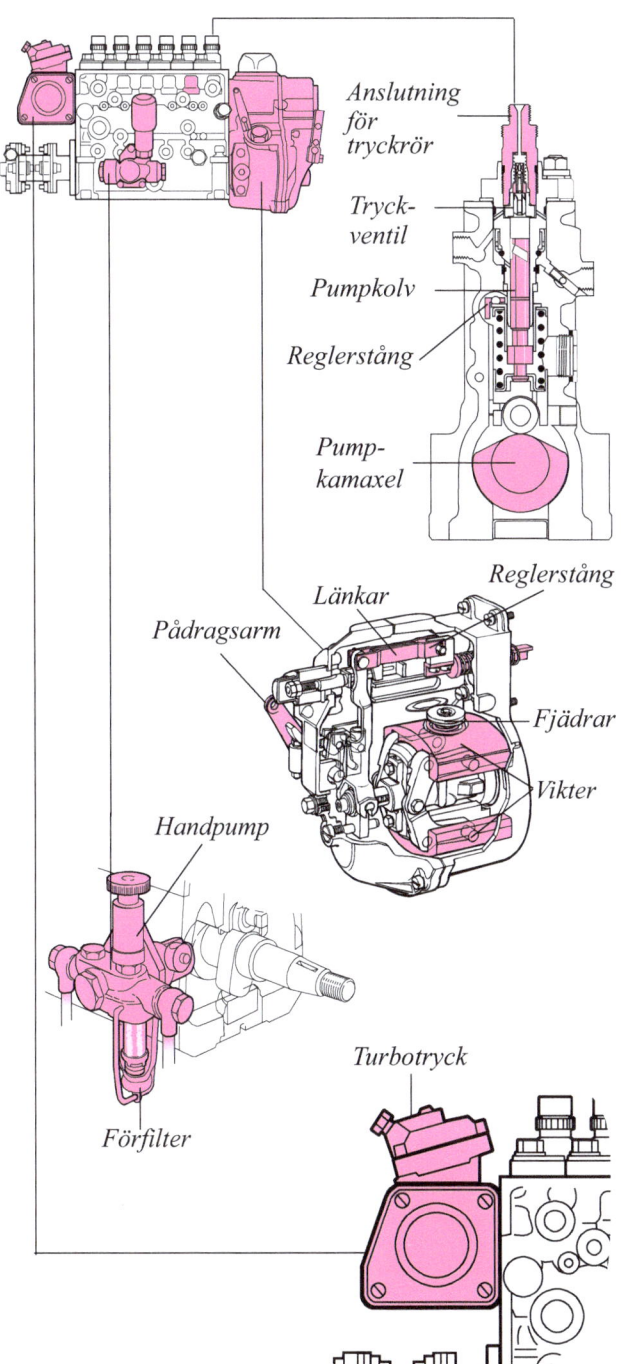

Anslutning för tryckrör
Tryckventil
Pumpkolv
Reglerstång
Pumpkamaxel
Reglerstång
Länkar
Pådragsarm
Fjädrar
Vikter
Handpump
Turbotryck
Förfilter

I **insprutningspumpen** finns ett pumpelement för varje insprutare. I pumpelementet finns en kolv. Den får en pumprörelse från kammen på pumpkamaxeln. Kolven pressar bränsle förbi tryckventilen och ut i insprutarens tryckrör som är fastskruvat på anslutningen.
Mängden från pumpelementet ändras när pumpkolven vrids. Reglerstången vrider alla sex kolvarna och reglerstångens läge avgör hur stor mängd bränsle som motorn ska få genom insprutaren.

Regulatorn påverkar bränslemängden genom att ändra reglerstångens läge i insprutningspumpen. Den mekaniska regulatorn är vanligast. I den finns två fjäderbelastade vikter som roterar med pumpkamaxeln.
Vikterna kastas ut mer eller mindre beroende på pumpkamaxelns och motorns varvtal.
Vikternas rörelse påverkar reglerstången genom ett länksystem
Gaspedalen är kopplad till pådragsarmen.
Pådragsarmens läge och vikternas utslag bestämmer tillsammans hur stor bränslemängd motorn får vid varje tillfälle.
Elektroniska regulatorer finns i en del av Volvos motorer.

Matarpumpens uppgift är att ge insprutningspumpen bränsle med ett visst tryck.
Matarpumpen är en kolvpump där kolven drivs fram och åter av pumpkamaxeln.
Med handpumpen kan man pumpa fram bränsle till filtren och insprutningspumpen.
T ex när systemet är tomt efter en isärtagning.
Ett förfilter finns på en del pumpar. Filtret har en finmaskig silinsats och det skiljer av grova föroreningar och vatten.

Rökbegränsaren reglerar bränslemängden så att den svarta avgasröken håller sig inom lagkraven.
Turbotrycket utnyttjas för regleringen. Trycket påverkar ett membran och ett länksystem som i sin tur påverkar reglerstången.
Så här fungerar det:
När motorn belastas på lågt varvtal är det mest kritiskt med den svarta röken. I det läget hindrar rökbegränsaren att insprutningspumpen ger högsta möjliga bränslemängd. Och mindre bränsle ger minskad rök.
När motorn har kommit upp i högre varvtal är den svarta röken inget problem. Då påverkas rökbegränsaren av turbotrycket så att insprutningspumpen kan ge mera bränsle.

HUR DIESELMOTORN ÄR BYGGD

Bränslefilter

Det är absolut nödvändigt att insprutningsutrustningen skyddas mot smuts. Minsta smutspartikel skadar pumpkolvar och pumpcylindrar, där spelrummet är 0,001–0,002 mm. Ett hårstrå är ungefär 20 gånger grövre.
Flera olika filter är inkopplade i insprutningsutrustningen.

■ Tankfiltret sitter på sugröret i bränsletanken. Du ser det längst ned i bilden på sid 62.
Filtret består av en finmaskig silduk av metall.

■ Förfiltret skyddar matarpumpen mot smuts och sitter på matarpumpens sugsida.

■ Bränslefiltret (finfiltret) skyddar insprutningspumpen och insprutarna mot smuts.
Bränslet strömmar igenom filterinsatsen som är tillverkad av en speciell papperskvalité.
Papperet är veckat och spirallindat så att insatsen får en stor filtrerande yta.
Filterinsatsen och filterhuset är sammanbyggda till en enhet. Filtertypen kallas spin-on eller boxfilter.

■ Förutom de här tre filtren finns ofta ett filter inbyggt i insprutaren. Filtret är en stålstav där bränslet tvingas att passera en fin spalt (en smal springa). Filtret hindrar eventuella föroreningar som kommit in i tryckrören att följa med bränslet in i insprutaren och störa funktionen.

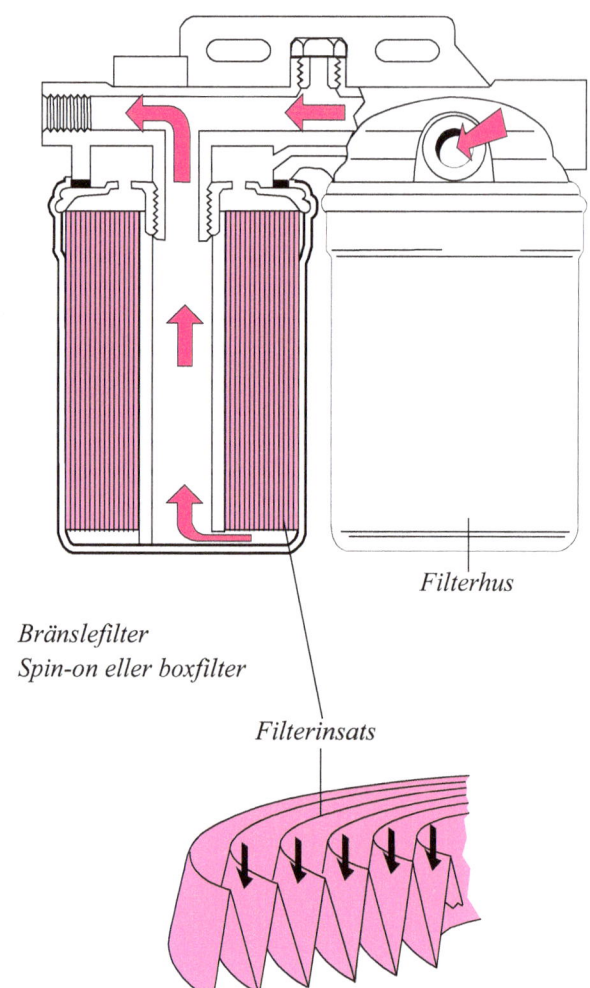

Bränslefilter Spin-on eller boxfilter

Veckat och spirallindat filterpapper

Tryckrören

Tryckrören (högtrycksledningarna) är alltid tillverkade av stål. Rören ska tåla höga tryck och får inte ha fjädrande rörväggar som skulle störa insprutningsprecisionen.
Tryckrören har alltid stor godstjocklek och styva rörväggar.
Tryckrörens innerdiameter är noggrant beräknad för varje motortyp.

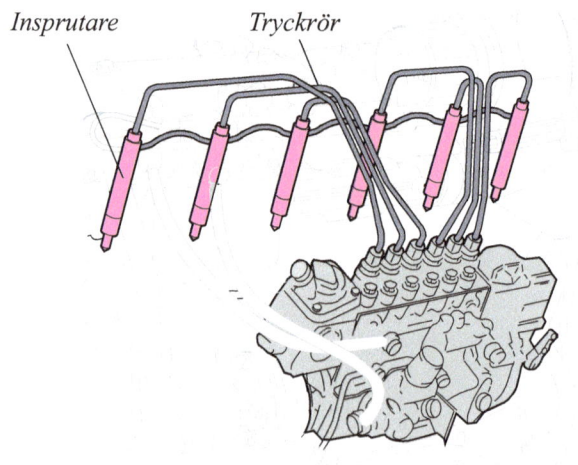

Sex insprutare – sex tryckrör

HUR DIESELMOTORN ÄR BYGGD

Insprutaren

Insprutaren sitter fastspänd i cylinderhuvudets kopparhylsa.
Insprutarens ände sticker in i förbränningsrummet och tar upp mycket värme. Kopparhylsan gör att värmeavledningen från insprutaren blir effektiv.

■ Insprutarens uppgift är att spruta in finfördelat bränsle i förbränningsrummet. Finfördelningen sker genom insprutning under högt tryck.

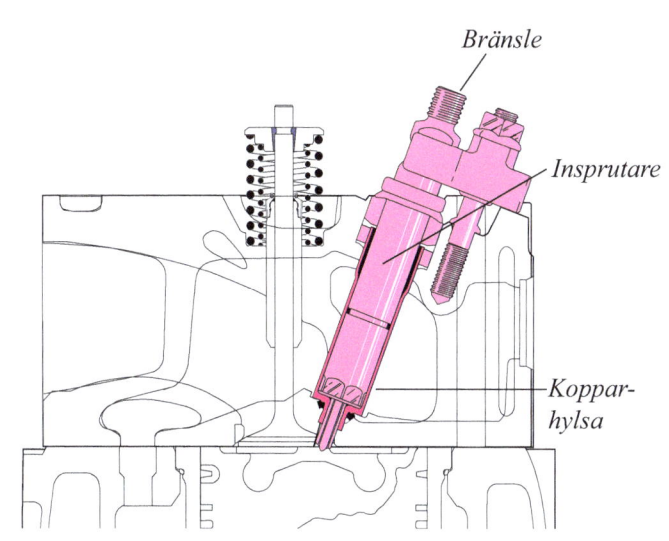

Insprutarens nederdel, spridaren, är utformad på olika sätt. Det är bla motortypen och förbränningsrummets form som avgör hur spridaren ska vara utformad.
Spridaren består av spridarhylsan och en noggrant inläppad spridarnål. Spridarnålens nedre ände är utformad med en konisk tätningsyta som tätar mot ett säte i hylsan. Spelrummet mellan nålen och hylsan är 0,002–0,004 mm, tillräckligt mycket för att en liten mängd bränsle ska läcka förbi. Den läckbränslemängden smörjer och kyler spridaren.

Spridaren är fastsatt i spridarhållaren. Där finns också anslutning för tryckröret och anslutning för läckbränsleledningen.

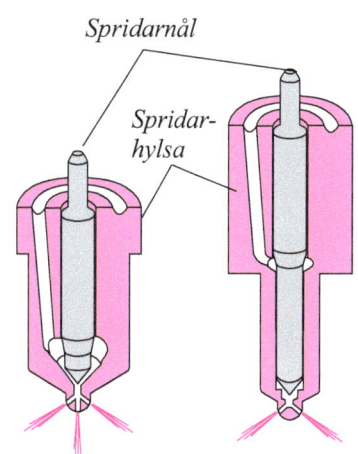

■ Kraften från fjädern överförs av trycktappen till spridarnålen. Fjäderkraften bestämmer insprutarens öppningstryck. Det kan justeras med justerbrickor under fjädern eller med en justerskruv.

■ Bränslet från tryckröret pressas ned till tryckkammaren. När trycket ökat tillräckligt lyfts spridarnålen och bränslet sprutar ut genom de fyra eller fem hålen i spridarhylsan.
Öppningstrycket varierar för olika motorer men är upp mot 600–850 bar i senare motorer.

■ Tryckventilen i insprutningspumpen är utformad på ett speciellt sätt. Det gör att trycket minskar mycket hastigt när pumpkolven slutar att pumpa bränsle. Då trycks spridarnålen mot sätet av fjäderkraften och insprutningen avbryts.

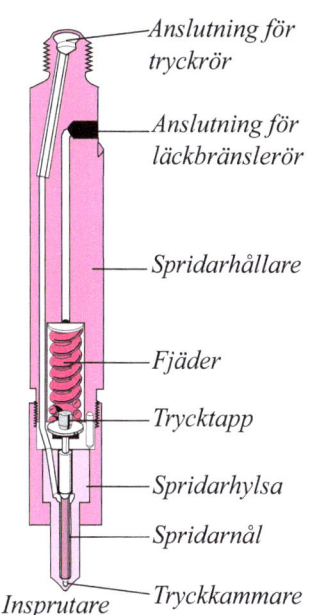

HUR DIESELMOTORN ÄR BYGGD

Avgaserna

Avgasdebatten är alltid igång. Vi ska inte lägga oss i den, men i den här tabellen kan du se hur det ligger till.

Tabellen visar vad bränsleluftblandningen till motorn består av, vad som händer kemiskt under förbränningen och vad det är för ämnen som kommer ut med avgaserna.

När det gäller procentsatserna av olika ämnen i avgaserna, är det stora skillnader.
Det beror bland annat på:
- Om motorn är en ottomotor (=bensinmotor) eller en dieselmotor.
- Motorns varvtal och belastningen på motorn (hur hårt motorn arbetar).
- Vilka anordningar motorn har för att minska föroreningarna.
- Bränslets kvalité.

Blandningen till motorn består av	Förbränningen Kolet och vätet förenas med syret. Kvävet deltar inte i förbränningen men en liten del förenas med syret. (Oxideras)	Avgasernas innehåll = förorening	% för olika motorer	
			OTTO	DIESEL
luft och bränsle Kol ca 85% C	C + O	CO, Koloxid	0,5 - 4	0,04 - 0,5
		CO₂, Koldioxid	6,5 - 13	3,5 - 11
Syre ca 21% O	O	O₂, Syrgas	0,1 - 1,5	4 - 16
Väte ca 15% H	H + O	H₂O, Vattenånga	4 - 11	5 - 11
Kväve ca 79% N	N + O	NOₓ, Kväveoxider	< 0,5	< 0,25
	N	N₂, Kvävgas	71 - 76	74 - 76
Oförbränt bränsle	CH	HC, Kolväte	< 0,1	< 0,1
Blyföreningar		Pb, Bly	< 100 mg/m³	0

Det här bör du veta om föroreningarna:

Koloxid CO bildas om förbränningen sker med för lite syre. Förbränningen blir ofullständig. Ottomotorerna arbetar med luftunderskott och ger därför högre koloxidhalt än dieselmotorn som alltid arbetar med luftöverskott. Koloxiden är giftig på så sätt att den lätt förenar sig med blodets hemoglobin och hindrar blodet att ta upp och transportera syre. 0,3% CO i inandningsluften hindrar syreupptagningen helt och innebär döden inom 30 minuter. Det blir en "inre kvävning". Så lite som 0,08% CO i inandningsluften minskar syreupptagningen till hälften.

Kväveoxider NOx är föreningar mellan kväve och syre. De uppstår när förbränningstemperaturen är hög och trycket högt i förbränningsrummet. God tillgång till syre är också nödvändig. Kväveoxider verkar på samma sätt som koloxid när det gäller kroppens syretransport. Dessutom kan man få svåra lungskador av för höga NOx-halter i inandningsluften.

Kolväte HC, dvs oförbränt bränsle, är beteckningen på en stor grupp kolväteföreningar. Mängden HC i avgaserna beror på många faktorer som bla har med förbränningsprocessen, förbränningsrummets form och insprutningsutrustningen att göra. En del kolväten retar ögon och slemhinnor.

Blyföreningar Pb i avgaserna kommer från tillsatser i bensin och finns inte alls i dieselmotorns avgaser. Mängden ligger under 100 milligram per kubikmeter (m3) avgaser. Blyförgiftning visar sig bla genom en smygande trötthet och blodbrist (för lite hemoglobin i blodet).

Dessutom finns det små mängder av andra ämnen i avgaserna. Bland annat **svaveloxid** och **ammoniak**.

HUR DIESELMOTORN ÄR BYGGD

Motortyper och motorvarianter

Alla Volvos dieselmotorer har en beteckning, t-ex TD121F (G), TAMD121 eller THD101

■ De här beteckningarna anger vad det är för **motortyp**.

TD = Turbodiesel, alltså en dieselmotor som är överladdad med ett turboaggregat.
H = Horisontellt utförande, dvs att motorn är avsedd att placeras liggande i fordonet.
A = Laddluftkylare marinmotor.
MD = Marindieselutförande. Det utförandet gör att motorn måste ha en del speciella anordningar.
F(G) = Motorutförande. F Laddluftkylning (lastvagn). (G) Utan laddluftkylning
121 = De två första siffrorna anger motorns totala slagvolym, dvs volymen i alla cylindrarna tillsammans.
121 = 12 dm^3 eller liter (avrundat tal)

Den sista 1:an i beteckningen t ex 121, 101, 71 osv betecknar att motorn är från en ny motorserie.
Tidigare motorer har beteckningen 120, 100, 70 osv.
Skillnaden mellan t ex TD70 och TD71 är stor.

■ Varje motortyp byggs i ett stort antal **motorvarianter** som skiljs från varandra genom olika sexsiffriga **komplettnummer** (motordetaljnummer).

De tre sista siffrorna i komplettnumret är instämplade på motorn.

Så här t ex: TD121 F*328*114270

Motortyp   Motorvariant   Motornummer
(Komplettnummer)

Skillnaderna mellan de olika motorvarianterna kan gälla t ex olika oljetråg, anpassning till olika kraftöverföringar (kopplingar, automatväxellådor etc). Anpassning till en viss försäljningsmarknad kan också göra att motorn får ett nytt komplettnummer.

■ Dessutom har varje motor ett **löpande nummer** (motornummer) i tillverkningsserien.

Industrimotorerna har egna beteckningar, t-ex TWD 730 ME/G/P/ eller TAD 730 G/P/.

T = Turboladdad.
W = Vätska – luft laddluftkylare.
A = Luft – luft laddluftkylare.
D = Normal dieselmotor

Den första eller de två första siffrorna är cylindervolymen.
Den andra eller tredje siffran är generationen.
Den tredje eller fjärde siffran är versionsnumret.

M = Mobilmotor.
G = Generatorset-motor.
P = Stationär motor.
M.E = Mobil, Emissionsmotor.

Dessutom finns miljöcertifierade motorer som har beteckningen
M.C = Mobil, Certifierad.

HUR DIESELMOTORN ÄR BYGGD

Anteckningar

REGISTER

Ammoniak 66
Arbetsprocessen 10
Arbetstakten 11, 12
Avgaserna 66
Avgasförluster 13
Avgasgrenrör 57
Avgassystem 57
Avgastryckregulator 60
Avlastningsurtag 29
Axiallager 35

Bensinmotorn 10
Blyföreningar 66
Bränslefilter 64
By-passfilter 46, 47

Cylinderblocket 18
Cylinderfoder 19
Cylinderfodertätning 22
Cylinderhuvudet 20
Cylinderhuvudpackning 22
Cylinderhuvudtätning 22

Delflödesfilter 47
Diagonaldelning 28
Dieselmotorn –
bensinmotorn 10
Dieselmotorn en
förbränningsmotor 9
Dieselmotorn förr och nu 5
Dieselmotortyper 15
Direktinsprutad motor 15

Expansionstanken 51

Finfilter 64
Flamkant 22
Foderlägen 18
Fordonsmotorer 6
Friktionsförluster 13
Frostskyddsvätska 50

Fullflödesfilter 47
Fyrtaktsprincipen 11
Fördelningsröret 51
Förfilter 64
Förkammarmotor 15

Gallerikanal 44
Glidringstätning 55

Huvuddelarna 17

I-profil 28
Inloppskanaler 20
Inloppsrör 57
Inloppssystem 57
Inloppstakten 11
Insprutaren 65
Insprutningspump,
drivning 36
Insprutningspumpen 63
Insprutningspumpen,
smörjning 62
Insprutningsutrustningen 62

Kamaxel 35
Keystone-ring 33
Koloxid 66
Kolven 30
Kolvklasser 31
Kolvkylning 31
Kolvkylning, reglerventil 44
Kolvkylningskanal 44
Kolvkylningsventil 44
Kolvring, ytbehandling 32
Kolvringar 32
Kolvringsbärare 31
Kolvtappen 29
Kolvtermostaten 52
Kolväte 66
Kompressionsringar 32
Kompressionstakten 11

Kopparhylsa 21
Korrosionsskydd 50
Kugghjulspump 47
Kväveoxid 66
Kylaren 56
Kylfläkt,
termostatreglerad 56
Kylfläkten 51
Kylfläkten i fordon 56
Kylfläkten i
industrimotor 56
Kylförluster 13
Kylmantel 20, 50
Kylsystemet 50
Kylvätskan 50
Kylvätskefilter 54
Kylvätskepumpen 55

Laddluftkylning 60
Laddluftkylning,
luft till luft 61
Laddluftkylning,
vätska till luft 61
Lagerlägen 18
Ljudpaneler 37
Luftfilter 58

Matarpumpen 63
Motortyper 67

Nitrokarburering 24

Oljans uppgifter 42
Oljebyte 42
Oljefilter 47
Oljefilter, testning 48
Oljefilterbyte 48
Oljefilterinsats 48
Oljekvalitet 42
Oljekylaren 49

REGISTER

Oljepumpen 47
Oljeringar 32, 33
Oljesumpen 49

Plattoljekylare 49
Platåhening 19
Pumpcirkulation 50
Påfyllningslock 51

Radialtätningsring 55
Radmotor 16
Rak motor 16
Ramlager 25
Ramlagerlägen 18
Ramlagerskål 26
Reducerventil 44
Regulatorn 63
Rillor 21
Roterande rörelse 9
Rullyftare 38
Rökbegränsaren 63

Sankeydiagram 13
Side relief 29
Skötselschema
    6-12-liters motorer 68
    16-liters motorer 69
Smörjsystemet 42
Spin-onfilter 48
Spridaren 65
Startelement 58
Startkrans 27
Stänksmörjning 43
Stödlager 27
Stötstången 40
Stötstångsmotor 34
Sugmotor 59
Svavelhalt 42
Svaveloxid 66
Svänghjulet 27
Svängningsdämpare 24
Säkerhetsventil 46

Tankfilter 64
Termosifonprincipen 50
Termostaten 52
Topptryck 10
Toppventilmotor 34
Torrsump 49
Transmissionen 36
Transmissionskåpor 37
Transmissionslock 37
Trapetsform 28
Trappning 19
Tryckbrickor 27
Tryckrören 64
Trycksmörjsystem 43
Trycksmörjsystem,
16-litersmotorn 46
Trycksmörjsystem,
7-litersmotorn 44
Trycksmörjsystem,
blockschema 43
Tryckventilen 65
Turbo 59
Turbokompressor 59
Twistring 32
Tändföljden 12

Utloppskanaler 20
Utloppstakten 11

V-motor 16
Ventilen 39
Ventilen, belastningar 39
Ventiler 38
Ventilfjädern 40
Ventillyftare 38
Ventillås 40
Ventilmekanism 34
Ventilspindel 39
Ventilstyrningar 20, 38
Ventilstyrningtätning 40
Ventilsäten 20, 38
Ventiltallrik 39

Verkningsgraden 13
Vevaxeln 24
Vevaxeln, balansering 25
Vevaxeln,
smörjoljekanaler 26
Vevaxeltätning 37
Vevlagret 29
Vevmekanismen 23
Vevmekanismen,
belastningar 23
Vevslängar 26
Vevstaken 28
Vevstaken, oljekanal 28
Vipparmen 40
Virvelkammarmotor 15
Volvo VDA,
Volvo dieselmotor typ A 7
Vridpåkänningar 24
Våta cylinderfoder 19

Överladdning 59
Överliggande kamaxel 34
Överströmningsrör 53
Överströmningsventil,
oljefiltret 44

www.ingramcontent.com/pod-product-compliance
Lightning Source LLC
Chambersburg PA
CBHW051203220526
45473CB00003B/883